艺术设计
ARTDESIGN

高等院校艺术学门类『十三五』规划教材

SHANGYE KONGJIAN SHEJI

商业空间设计

主编 朱力 田婧

副主编 周麒 甘俊 刘俊骏

参编 汪仁斌 曾易平 谷燕 张玲
吴新华 顾云 权凤 李琨

U0166008

华中科技大学出版社
http://www.hustp.com
中国·武汉

内 容 简 介

我国在人与空间环境之间的规律性研究方面有着悠久的历史。随着时代的发展，人们在生存和发展过程中不断改善自己的生活质量，对于自身的生活需求不断提出新的要求，商业空间设计也面临着越来越多的问题，解决这些问题需要长远的视觉营销战略。商业空间设计注重的是吸引顾客，而设计展示是一种高效率的传播手段，能有效地传递商品信息，树立整个商业空间的良好形象，是传播企业和产品十分重要的手段。展示空间可以根据不同空间构成所具有的性质和特点来加以区分，以利于在设计组织空间时进行选择和利用，用设计师独特的思维来设计每一处独特的商业空间。重视并处理好空间设计环节，不仅能从市场上得到立竿见影的利益回报，更重要的是有助于推动整个社会品质的提升。

图书在版编目（CIP）数据

商业空间设计 / 朱力，田婧主编. — 武汉：华中科技大学出版社，2017.2（2024.1重印）
高等院校艺术学门类"十三五"规划教材
ISBN 978-7-5680-2304-7

Ⅰ.①商…　Ⅱ.①朱…　②田…　Ⅲ.①商业建筑－室内装饰设计－高等职业教育－教材　Ⅳ.①TU247

中国版本图书馆 CIP 数据核字(2016)第 258762 号

商业空间设计
Shangye Kongjian Sheji

朱力　田婧　主编

策划编辑：彭中军
责任编辑：段亚萍
封面设计：孢　子
责任监印：朱　玢
出版发行：华中科技大学出版社（中国·武汉）　　　电话：（027）81321913
　　　　　武汉市东湖新技术开发区华工科技园　　　邮编：430223
录　　排：武汉正风天下文化发展有限公司
印　　刷：武汉科源印刷设计有限公司
开　　本：880 mm×1 230 mm　1/16
印　　张：5.25
字　　数：150 千字
版　　次：2024 年 1 月第 1 版第 4 次印刷
定　　价：39.00 元

目录

SHANGYE KONGJIAN SHEJI

第一章

概　述
GAISHU

一、含义

商业空间究竟是一个怎样的概念？学习商业空间设计真的是必要之举吗？相信很多初涉设计的人心中都会有这样的疑问。

首先，我们要搞清楚何为"商业"，商业归根结底就是"物物交换"。伴随着生产力的不断发展革新，商业活动的进行也由不定期演变成定期，甚至还有专门的场所来进行这些商业活动。满足上述活动过程所需要的各种空间形式，即为商业空间。（见图1-1和图1-2）

图1-1 化妆品商业空间展示

图1-2 服装商业空间展示

随着社会经济和科技的进步，时代不断向前发展，人们对美的需求越来越多，对视觉享受与日常生活享受也越来越重视，商业空间设计应运而生。

图1-3 商业空间构造展示

商业空间是人类活动空间中最复杂、最多元化的一种空间类别，商业空间设计可以从广义上定义为一切与商业活动有关的空间形态设计，从狭义上可以理解成当前社会活动所需要的空间设计，即完成商品交换活动、满足消费者物质或精神需求、实现商品流通的空间环境艺术设计。

商业空间设计包含广泛的设计对象，就狭义而言，商场、步行街、超市、写字楼、宾馆、展览馆、博物馆、餐饮店、专卖店、美容美发店等都囊括其中。随着时代的快速发展，现代意义的商业空间设计必然会具有多元化、复杂化、科技化和人性化的时代特点。

商业空间大致上可理解为由人、物及空间三者之间的相对关系所决定的空间。（见图1-3）

人与空间的关系在于空间向人类提供了可生存的环境和活动所需的机能，包括对人类物质需求与精神诉求的满足；人与物的关系，则是物与人的交流机能；空间提供了物的放置机能，而一定数量的物的组合又构成了空间，这些或大或小的空间组合在一起，又构成了机能不同的更大的空间。

人具有流动性，而空间具有稳定性，因此，我们时常以人为中心来审度物与空间。因为每个人的需求与诉求不同，所以使得如今的商业空间环境具有多样性。

固定化了的商业空间需要固定的商业设施，这样才能便于来往客人出入。商人的行为的目的在于通过物物交换获取利润，所以，能够有效地促进产品销售便是商业空间的价值所在。随着商业活动的日益繁盛，那种最简单的物物交换模式已经被时代淘汰。现代商业空间的环境因素取决于附属的休闲娱乐设备，以及当代科技日新月异的发展所带来的"精神性"的满足。新的建筑形式和材料也不断地应用于商业空间设计。科技与艺术相结合的商业空间设计引领着消费的时尚潮流，科学、人性化的设计可以增强消费者对商品的信任，艺术催生了客户的购买欲。商业活动在一个大的消费环境下向着更高端的层次发展，除了通过产品的更新增加销售量之外，更要重视商业空间的机能性与环境塑造，以满足消费者的多重需求，力求使商业活动具有规范性与有序性。（见图1-4）

图1-4　商业空间构造的有序性

综上所述，现代商业空间应该是以满足商业需求为首要任务，以搭建商业活动的运作平台为基础，以科技感与艺术性的结合为纽带，在建造出满足人们商业活动的场所和环境需求的基础上，给人以美好的商业消费体验的空间。

二、商业空间的沿革及发展历程

商业空间设计的发展与任何艺术形式的发展不谋而合。（见图1-5）

商业空间随着时代的发展而不断革新变化，我们可以看到它先后经历了远古时期、封建社会时期、资本主义时期及近代时期等几个时期。现在，随着科技的发展和人们生活水平的不断提高，商业空间设计逐渐发展成为一种独立的艺术设计。

图1-5　商业空间展示1

1. 远古时期

早在远古时期便有图腾崇拜、树碑立柱、祭祀鬼神等活动，这些活动在体现出原始信仰的同时也传达出一定的展示信息。在中古时代的初期，人类就已经开始了商品交易的集市贸易活动，当时人们进行商贸活动的形式较为原始、朴素，直接将商品裸露摊分在地，进行一些简单的分类陈列。后期才出现专门摆放商品的摊床，这便是最初的商品展示和展销会的雏形。

2. 封建社会时期

封建社会时期的商业空间，分为教化活动空间与商业活动空间两大部分。

教化活动空间包括如下两种。

（1）展示封建教义与民众宗教信仰的空间，具体表现为各种庙宇，如国内的寺庙、道观，国外的教堂、神殿，以及各种石窟等。

（2）对封建地主与贵族生活中收藏的珍品字画、古玩、陶瓷等进行展示的空间，包括私宅、官邸、专业博物馆的陈列架等。圆明园便是其中一例。

这一时期的商业活动多集中于店铺与集市贸易。那时候的人们已经有了商品形象意识，一些店铺跟行会组织为了增加销量开始注意宣传商品形象。通过我国四川省广汉市出土的东汉市集画像砖，可以清晰地看到当时的店铺主人通过实物陈列与口头叫卖招徕顾客的场景。

3. 资本主义时期及近代时期

资本主义时期的商业空间设计，在文化上，有各类博物馆的建设和文化艺术的展览活动；在经济上，有国际博览会的产生和发展、商场店铺的营销活动和包括商品包装广告在内的视觉传达类设计的产生与运用。

由于资本主义国家的输入和民族工商业的不断发展，商业展示形式不断推陈出新，产生了种类繁多的商业展示形式。路牌广告、霓虹灯广告、街车广告、报纸杂志广告和其他印刷品广告相继在上海、北京等大城市出现，广告公司也相继成立。清末时期，我国出现了正式的展览会和博物馆。南京于1905年举办了第一届博览会，故宫博物院也在1925年对外开放。（见图1-6）

图1-6　商业空间展示2

　　进入 20 世纪，大工业生产导致了设计理念与实践的重大变革与发展。20 世纪 40 年代，德国包豪斯设计学院的"技术与艺术新统一"的设计思想以迅雷不及掩耳之势影响了世界各国，而商业空间设计更是从形态和内容上都受到了长远、广泛的影响。

　　第二次世界大战之后，商品销售方式也开始发生变化，西方的发达国家纷纷推出自我服务商店，其新颖之处在于不再设置售货人员，顾客可以随意进入店内的陈列空间选购商品，给了顾客极大的自主性。到了 20 世纪 60 年代，又发展成大型化、规范化的超市、百货市场，开始注重导买点与陈列艺术（见图 1-7 和图 1-8）的有机结合。

图1-7　商场陈列艺术1

图1-8　商场陈列艺术2

世界博览会（简称世博会）的产生得益于近代工业的生产和发展。世界博览会的产生经历了两个阶段，第一个阶段是在巴黎开始和终结的，时间为1798—1849年，范围只普及到法国。第二个阶段却占了整个19世纪后半叶（1851—1893年），这时的博览会已经具有了国际性质。1851年的首届世界博览会，开创了商业空间设计乃至商业活动的历史新篇章。人们赞美这座通体透明、美轮美奂、庞大雄伟的建筑——帕克斯顿的得意之作"水晶宫"。这座原本是为世博会展品提供展示平台的场馆，成为第一届世博会中最成功的作品和展品，也成为首届世博会的标志。水晶宫促进了世博会的成功举办，世博会的成功举办又为世界召集多个国家，为了同一个目的——和平，交流文化思想、科技成果开了先河。同时，水晶宫也标志着现代商业空间设计的开始。

三、发展趋势

商业空间设计往往与时代背景挂钩，因此商业空间设计要能体现出时代感。社会是不断进步的，生产力也一直在向前发展，这导致人们对商业环境空间设计如商场设计、百货卖场设计等提出了更高的要求。如今的商业空间设计百花齐放，具有以下几个大的发展趋势。

1. 追求道法自然，以人为本

在商业空间设计中，首先要考虑到顾客的需求与感受，要准确把握顾客在特定环境中的生理变化和心理变化，并以此来改善、创造出让人觉得舒适的空间。

作为设计师，应不断地调整自己的设计来使得空间布局更合理，最大化地完善空间，做到物尽其用。在保证基本功能的同时，尽可能地做到让环境更加舒适、优美。在室内设计中，不同的色彩搭配、空间构造、材料组成、造型风格给人的心理感受都是不同的。针对功能性不同的商业空间，我们需要了解不同的顾客来确定设计的基调。消费者的构成及需求、不同受众的心理状态、人们的物质承担程度都需要我们调查了解。（见图1-9）

图1-9 星巴克商业空间外层设计

2. 追求原生态，贴近自然

在商业空间设计中，人们越来越重视保护原生态，越来越多的商家开始使用绿色无污染的建材，更多地利用自然能源，提倡轻装修，为人们营造一个绿色环保、贴近自然的室内环境。（见图 1-10）

图1-10　某商场用绿色植物作为招牌广告的装饰

3. 追求高科技，与时俱进

密切关注高科技的发展趋势，甚至跨界关注，如机械化制造技术、航空航天技术、克隆技术等，大胆地将工业与艺术相结合，把最新的科技与现代化材料如强钢、硬铝等应用到设计当中，也许会收获意想不到的惊喜。（见图 1-11）

图1-11　饰品店里的格局

4. 追求多元化，接轨国际

就像前人所言："师夷长技以制夷。"我们应该多借鉴、思考不同国家的设计风格，取长补短。我们可以看到，现在室内设计的主流是"现代设计""后现代设计"，使用对象不同、目标人群不同、投资资金不同都影响着室内设计的风格走向，也造成了室内设计的多层次与多元化。多元化的室内设计代表了时代的发展趋势，也反映出当代设计的多元化潮流。

5. 本土化，留住本真

民族的就是世界的，我们在信息量繁杂庞大的今天，在不断推陈出新的同时，也要融合时代精神，延续历史文脉，发扬民族本土文化，让民族精神在凝固的建筑中生动地传承，用新观念、新知识、新设计去展示中式室内空间的风格。

四、风格、流派

何为风格？何为流派？风格就是风度、品格，表现为艺术创作作品中的时代特色和鲜明的个性。（见图1-12）

图1-12　食品专卖店

流派是指学术、文艺方面的派别。不同时期的艺术家或设计师所运用的设计风格即为他们的流派。

经过一系列的工业革命与历史巨变，室内设计风格已经慢慢从古典主义过渡到后现代主义，并演变、延伸出了许多不同的风格。

1. 欧式古典主义风格

欧式古典主义风格是一种追求华丽、高雅的风格，其色彩搭配往往艳丽浓郁得如同油画。这种设计风格对欧洲建筑、文学、家具等都产生了极其重大的影响，在当代居住空间设计中，为了营造出华丽却又不失雅致的氛围，设计师将欧式古典主义风格豪华、动感、活力的视觉效果和唯美、浪漫的细节处理元素结合在一起，通过装饰特点凸显特有的文化韵味和历史内涵，既优雅，又饱满、浪漫。

在空间上，欧式古典主义风格追求绵延不断的联系，侧重于形体的变化和层次感。在很多欧洲皇室的家居中，不难发现他们喜欢采用带有丰富图案的壁纸、地毯、窗帘、床罩以及各种古典绘画和物件。门窗漆多数为白色，家具、画框的线条部位多饰以金线、金边。

欧式古典主义风格在设计上强调空间的独立性（见图1-13），但装饰上往往选择富丽复杂的配饰。由于材料选择与施工配饰上的投入较高，所以欧式古典主义风格更适用于较大的别墅、宅院，不适合较小的户型。

2. 古希腊建筑风格

古希腊建筑算得上是欧洲建筑的先河。古希腊的发展时期大致为公元前800年—公元前146年。古希腊建筑的结构属梁柱体系，早期主要运用石料作为建筑材料。因为变化形式少，所以内部的空间结构较为简单。但是后来许多流派的建筑师、室内设计师都从古希腊建筑中得到灵感与启发。我们重在了解古希腊建筑对于室内设计的历史意义。

图1-13 专卖店空间设计的独立性

3. 古罗马建筑风格

古罗马建筑风格是世界建筑艺术宝库中的重要历史风格之一，它继承并升华了古希腊的建筑风格，还融入了些许地中海风格。厚实的砖石墙、半圆形拱券、逐层挑出的门框装饰和交叉拱顶结构是它的主要特点。古罗马建筑以室内空间对称、设计严谨、雄伟壮观而举世闻名。（见图1-14）

4. 哥特式风格

哥特式风格是在中世纪中期与末期十分兴盛的建筑风格。它由古罗马建筑风格发展而来，为文艺复兴建筑所继承。若你看到尖形拱门、肋状形拱顶与飞拱、高耸入云的尖顶以及窗户上色彩斑斓的玻璃画，这便是典型的哥特式风格建筑。但是，哥特式风格这一室内环境艺术风格由于起源于教会，教堂利用这样的一种形式对教徒传播教义，所以并不算正宗的空间设计风格起源。

5. 文艺复兴风格

文艺复兴风格是欧洲建筑史上继哥特式风格之后出现的一种风格，于15世纪产生于意大利佛罗伦萨，后来慢慢传播到其他地区，形成了带有各自鲜明特点的各国文艺复兴建筑。其中，又以意大利文艺复兴建筑最具有代表性。文艺复兴是世界文化的第一次交融，对于传统古典主义艺术而言是一种挑战。在文艺复兴时期的建筑室内装饰中不但保留了古罗马建筑的对称结构、哥特式建筑奢华壮丽的风格，也融入了东方文化。家具设计作为欧式古典主义风格中最为重要的一环，也在这一时期获得了长足的发展。这一时期的整体室内风格都以装饰为主。

图1-14 建筑设计风格的体现

6. 巴洛克风格

若提起文艺复兴建筑风格中一种最主要的体现，那便是巴洛克风格。巴洛克风格是17—18世纪在意大利文艺复兴建筑的基础上发展起来的一种建筑和装饰风格。其特点是自由外放，追求活泼动态，偏好富丽的装饰雕刻、强烈的色彩，常用穿插的曲面和椭圆形空间。这些设计独具匠心，又与文艺复兴风格设计形成强烈的对比。巴洛克风格是欧式古典主义风格的主要起源之一。

7. 洛可可风格

洛可可风格于18世纪20年代产生于法国并流行于欧洲，是在巴洛克风格建筑的基础上发展起来的，主要表现在室内装饰上。纤柔娇媚、华丽精巧、温柔细腻是洛可可风格的基本特点。在众多奢华恢宏的设计风格中，洛可可风格宛若一个娇媚的少女。洛可可风格也是欧式古典主义风格的起源之一，洛可可风格的出现标志着建筑和艺术正式进入人们对居住空间的改造中。

8. 中式古典主义风格

顾名思义，中式古典主义风格由中式建筑而来。中式建筑与欧式古典建筑一样，都是世界建筑发展史上的璀璨明珠。由于中国幅员辽阔，所以不同地域的中式古典建筑表现的形式也会有较大差异，如南方的干栏式建筑、西北的窑洞建筑、游牧民族的毡包建筑、北方的四合院建筑等。广义上，我们提到的中式建筑通常是指以木架构为建筑基础的所有建筑（包括日、韩等部分亚洲国家的古典建筑）。

运用到居住空间设计中的中式古典主义风格，在室内布置、线形、色调以及家具、陈设的造型方面追求"形神合一"。其中，明、清家具堪称家具设计史上最伟大的杰作之一，甚至一度影响到现代主义室内设计及其发展。

中式传统室内设计的装饰手法体现了中国人含蓄温婉的气质，是对中国古人对居住环境的研究与追求的传承。中式古典主义风格的室内环境中随处可见精雕细琢的装饰品，是较为雅致、具有浓厚的人文历史情怀的一种风格（见图1-15）。即便到了现代社会，这种风格依然被设计师广泛运用。

图1-15 中式古典主义风格

第二章

基本原理、功能及特点

JIBEN YUANLI GONGNENG JI TEDIAN

一、基本原理

商业空间设计是一个复杂的设计过程。商业空间设计以科学技术与艺术为设计手段，利用传统或现代的媒体，对商业空间展示环境进行系统的策划、创造、设计。随着社会、经济、科技的快速发展，商业空间设计要不断地提高商业空间的有效利用率和功能实用性。商业空间设计应遵循以下几个基本原则。

1. 商业空间优化原则

商业空间设计是对进行商业贸易活动的整个空间进行规划、界定、装饰的过程。商业空间设计是在原建筑设计的基础上进行再设计的，要对所要利用的原建筑空间不能满足基本功能的不合理之处进行改造和解决，要求优化原空间，解决弊端，实现空间优化。（见图2-1）

图2-1 某饭店的招牌设计（在饭店的基础上改变了普通的饭店名称）

2. 功能强化原则

每一个设计师都应以满足商业工作形式的功能为首要任务，商业工作形式的功能主要包括美化功能和安全功能。在美化功能方面，商业空间除了要满足基本的使用功能之外，还要重视企业形象美化功能、人性心理美化功能。安全功能是所有功能实现的前提，是所有目标实现的基础。在空间设计中，对于楼梯、过道、电梯、围栏、水电的安排甚至安全出口都要面面俱到，不仅仅要追求视觉的享受，更要强调安全性，必须严谨地参考具体标准来实施。（见图2-2）

3. 人性美化原则

空间设计其实就是依照人类自己的要求和喜好来对客观存在的空间进行利用和再创造，人的本位性占据主导地位。在使用性较强的商业空间设计中，以人为本是我们需要严格遵循的原则。（见图2-3）

4. 环境净化原则

劳动者有接近三分之一的时间处于工作状态，商业空间的环境净化程度直接影响到工作者的工作效率。因此，

图2-2 青年旅社的多功能实用性

图2-3 某服装店贴近人性美的风格设计

图2-4 新疆风味饭店的灯具设计

商业空间设计的材料要力求环保，不伤害人体的生理健康。空间的绿化程度也应大幅提高，这与人的心理健康息息相关。

二、功能

商业空间设计既是国际贸易相互交流合作的纽带，又是科学技术及文化宣传的窗口，它在当今社会领域和信息领域中充当了其他行业和媒体不可替代的角色。我们除了要了解商业空间设计的原则外，还要了解商业空间设计的功能性。功能在商业空间设计中占据重要地位，商业空间设计的功能性实际上展示了国家发展的水平，体现了民族文化的精彩。（见图2-4）

1. 媒介功能

所谓媒介，就是指商业空间中提供商品交易的活动场所，媒介功能是商业空间设计中的首要功能。在商业空间中，媒介指涉及商品的物质实体及信息的各种载体。就商业空间设计而言，商业建筑实体是最基本的媒介。就商业内部空间而言，媒介对商品销售信息的传播有着深刻的影响。信息传播媒介包括商品、空间及其界面、商品陈列、广告图片、文字说明、多媒体、展具等。（见图2-5）

图2-5 商业空间动漫馆风格特点展示

2. 场所性质

随着现代商业空间的快速发展，商业空间设计的功能内涵已经扩展为休闲娱乐体验、文化交流的场所。现代商业空间设计，不仅是联系生产者和消费者的媒介空间、空间视觉环境的设计，更是心理环境、文化环境的设计，它可以帮助消费者实现在新型商业空间中物质、能量、信息、情感的相互交流。（见图2-6和图2-7）

3. 社会交往空间

商业空间不仅仅是用来欣赏的，更是供人交流、享受的。购物也算是一种交流活动，商业空间便成为一种社

图2-6　KIKC男装展示空间

图2-7　Lee男装展示空间

会交往空间。现代商业空间的展示手法各式各样，展示形式也不定向化，动态展示是现代展示中效果显著的展示形式。动态展示能提高购物者的活跃度，有别于陈旧的静态展示，采用活动式、操作式、互动式等手法，使得购物者不但可以触摸展品、操作展品、制作标本和模型，更重要的是可以在这样一个商业空间大舞台上与展品互动，取得更好的效果，丰富人们的公共生活。

现代商业空间设计在提升硬件设施、营造商业消费氛围的同时，应以满足顾客的消费心理需求，以及顾客消费体验的需要为核心。

首先，全面分析顾客的消费心理。每个顾客都有自己的个性，而顾客的个性心理对其消费行为会产生一定的影响，顾客的消费心理往往是影响顾客购买行为和餐饮、娱乐消费的主导因素。

顾客因年龄、性别、性格、职业和经历的差异有着不同的消费心理，除了日常生活消费需求以外，还存在不同职业层次、不同年龄、不同欣赏水平、不同消费能力等方面的特殊消费需求。（见图2-8）

图2-8　两种不同年龄风格的服装店

通常来说，影响顾客消费心理的因素有两个方面。一是顾客本身的因素：消费定位、消费目标、时间、地点等。二是商业空间设计的内部因素：商场商品自身的属性以及餐饮和娱乐等空间的服务属性、商业空间的消费氛围等。因此，只有对消费者进行全面分析，才能更好地满足顾客的消费心理和消费需要。

其次，合理设计顾客的消费导向。例如，在餐饮空间中，应重点对顾客消费服务期望值进行导向设计研究。

有的顾客属于固定就餐者，熟悉消费价格、档次和菜品的特色，而多数顾客只是根据商业空间餐饮设计导向进入该场合，这时，商业空间的宣传文化定位、店面装潢及内部设计特色是否与餐饮特色一致等设计的消费心理导向就会起到很重要的作用。再比如，从商场空间来看，顾客既可以有意识地购买，也可以无意识地购买。有意识购买者有自己明确的购买目标，有些顾客甚至有自己固定的购买场所。而对于无意识购买的消费者来讲，合理地设计消费导向具有较为深远的意义：一是在消费者无意识购买过程中让其实现商品的购买；二是通过巧妙、新奇的设计手法对无意识购买的顾客进行心理暗示，使其产生购买欲望。从一定程度上看，消费导向反映了对顾客消费行为的内在需求和消费动机的满足，关系到顾客的多种心理需求。

三、特点

1. 实用性

功能决定形式，形式为功能服务。任何一个商业空间的设计都应该首先满足使用功能的需要，尤其是主要功能的需要。

2. 艺术性

商业空间设计仅仅满足功能上的需求是远远不够的，好的商业空间设计往往会把工业与艺术巧妙地结合。商业空间设计的艺术性主要在商业空间设计的内涵和表现形式两个方面得以体现。商业空间设计的表现形式主要指空间的适度美、韵律美、均衡美、和谐美塑造的美感和艺术性。（见图2-9和图2-10）

图2-9　某图书馆个性化、大气的展示空间

图2-10　某商场顶部的悬挂艺术

对空间氛围和意境的营造也至关重要，由于功能、性质、服务对象、营销策略的不同，不同的商业空间会有不同的空间氛围与意境。如中式餐厅喜庆热闹，西餐厅则温馨浪漫。同样作为商业卖场，不同的经营类型与风格定位在空间氛围和意境的塑造上也会有较大差异。空间尺度、比例、分隔、秩序、色彩、体量、光影等多种视觉元素，以及听觉、嗅觉和触觉等因素构成人的感知。即使是同一空间，不同年龄、不同民族、不同地域的人对其也必然有不同的心理反应和标准，而顾客的心理感受是消费的前提。

3. 科学性

商业空间设计的科学性，首先体现为商业空间设计中充分并且积极地运用当代科学技术的成果，勇于运用新材料、新技术；其次体现为商业空间设计中的空间划分、功能布局、材料选用以及声、光、热等物理环境的设计更加科学合理。

4. 地域性

不同国家、不同地区和不同民族有着不同的禁忌和喜好。不同地域的商业空间在设计风格、色彩应用、材料选择和空间布局中都会体现出地域性的特色。（见图2-11）正是因为有了这些风格迥异的设计，商业空间设计才会出现百家争鸣的盛况。

图2-11　某泰国餐厅的装饰

5. 表现形式

商业空间设计的表现形式不是简单地指设计过程中选用什么装饰材料进行装修和造型设计，而主要是指如何在商业空间设计中把握适度美，满足消费者的心理和生理需求，使消费者在购物及用餐的过程中，用愉悦的方式感受设计的文化艺术。在设计的功能中，合理体现出设计者本身为消费者考虑的需求。（见图2-12）

图2-12　adidas店面陈列展示空间

第三章

商业空间类型分析

SHANGYE KONGJIAN LEIXING FENXI

　　商业空间泛指为人们日常购物等商业活动所提供的各种场所。商业空间种类繁多，不同商业空间的特性、经营方式、功能要求、行业配置、规模大小及交通组织等，均会产生多种不同的建筑空间形式。从不同的角度出发，商业空间有着不同的分类方法。

一、购物中心

　　购物中心是指将购物、餐饮、交往、办公、仓储、交通等功能综合为一体或组成中心群体。大中型商场和市场、商业街和步行街、商业广场、商业综合体等四类现代商业建筑，都具有这种特点。功能综合化使得空间多样化，增强了热闹愉快的氛围效果。建筑的公共设施需要满足安全、卫生、交通、休息、交往等要求，尽可能地改善环境条件。如设置自动化消防、计算机网络等先进管理措施，来保证购物环境的安全性和多元性。（见图3-1和图3-2）

图3-1　服装展示

图3-2　购物中心大楼

　　购物中心之所以会在世界各地广受欢迎，是因为它具有以下几个特点。

　　（1）适应城市与社会的发展。购物中心在一定程度上成为城市交通系统和城镇居民的联系纽带和空间上的附属设施。

　　（2）适应现代化和多元化的需求。购物中心在商业经营上拓展思路、扩大范围，形成购物、娱乐、休闲、文化、体育、游览等多功能的综合生活服务中心。

　　（3）保留了传统商业空间的特征。

二、百货商场

　　在百货商场设计中，一般都以产品线为概念，百货商场大多销售多条产品线的产品，尤其是服装、家具和日

常生活用品等，每一条产品线都作为一个独立的部门，每个部门都有专门的柜台来进行销售。（见图3-3）

图3-3　百货商场中的日常生活用品店

百货商场属于独立式商场，独立式商场指的是为商业零售贸易活动提供场所的建筑单体，它具有以下特征。

（1）有一定的建筑规模。根据国际标准，一般而言，我们把5000~10 000平方米的商场看作中型商场，5000平方米以下的看作小型商场。

（2）自身拥有完备的建筑科学系统，包括结构系统、设备系统、空间系统、功能系统、造型体系等。

（3）它的空间具有容纳不同零售商业经营业态的适应性。

（4）它在更大的商业系统中扮演核心、节点或者元素的角色，它也可以是多层商场或者高层商场，向独立式购物中心的方向发展。

三、超级卖场

超级卖场，是指以顾客自选为经营方式的大型综合性零售商场，又称为自选商场，是许多国家的主要商业零售组织形式。超级卖场于20世纪30年代初最先出现于美国东部地区。在第二次世界大战后，特别是20世纪50至60年代，超级卖场在世界范围内得到较快的发展。超级卖场（见图3-4）最初主要以经营各种食品为主，后来经营范围日益广泛，逐渐涉及服装、家庭日常用品、家电、玩具、家居等领域。超级卖场一般会在入口处配有推车供顾客选购商品时使用，顾客选购好商品后，到前台的收银处结账。

图3-4　超级卖场里的水果区

超级卖场往往具有如下特点。

（1）超级卖场的商品往往被分门别类，完好地放在货架上，明码标价，顾客具有极大的自主权，可以随意挑选。

（2）超级卖场里各种现代化设备被广泛地使用，如电子计算机。这样方便管理层人员及时了解销售状况并且能及时知晓并解决顾客的需求。同时也方便对员工进行管理，极大地提高了工作效率。

（3）超级卖场内商品种类齐全，购物方便快捷。人们可以在一个超级卖场里买到绝大部分的生活必需品，省了不少心。而超级卖场里自动标价、计价、结算的流水线方式提高了购买效率，受到了广大顾客的欢迎。

四、品牌专卖店

品牌专卖店也称为品牌专营店，随着社会分工的不断细化，许多卖场开始成为某个品牌的专属卖场。每个行业都有自己的专卖店，而且越来越细化。

每个行业中的品牌专卖店，在满足社会需求的前提下，也能提升企业各自的品牌知名度。无论是从产品销售还是从售后服务的角度，人们总是更加倾向于到品牌专卖店里购物。（见图3-5）

品牌专卖店具有如下几个特点。

（1）专一性。品牌专卖店只销售指定品牌的产品，具有自身统一的销售模式，可以保证对所有销售的产品提供完整的售后服务。而折扣店则是经营很多个品牌的商店，每个品牌的售后又不具有统一性。与专卖店相比，品牌折扣店少了几分专一性。

（2）完整性。品牌专卖店的经营者是通过该品牌持有者充分授权经营该品牌产品的，因此有完整的供货渠道、

图3-5　箱包品牌专卖店

产品设计流程、产品物流、销售和售后服务体系。

（3）合法性。一个品牌专卖店是在品牌持有者充分授权的情况下经营的，拥有该品牌在指定区域的经营权，不会发生维权纠纷事件。

五、体验式商店

何为体验式商店？与传统商业以零售为主的业态组合形式相比，现代商业更加注重消费者的参与、体验与感受，顾客对空间和环境的要求也就会更高。由于商业零售行业的不断发展升级，消费者对于购物场所的要求越来越多元化，体验式商店应运而生。体验式商店在保证商店基本功能的同时，提供了休闲、运动、娱乐、就餐等多方面的功能。随着时代的不断发展，商业空间也在不断革新。消费者对物理环境的要求越来越高，这对于商家来说是一个重大的机遇与挑战。

"体验式商业"最常见的载体是购物中心，在建筑设计、空间品质和经营模式上，体验式商店与购物中心不谋而合。与此同时，购物中心在业态组合上的丰富性和多元化，也为体验式商店提供了不少契机。（见图3-6）

图3-6　北京现代汽车体验式商业空间

第四章

商业空间人机设计

SHANGYE KONGJIAN RENJI SHEJI

一、人机工程学

人机工程学研究的对象是人和环境之间的关系，确切地说，是运用心理学、生理学和其他相关学科来研究人—机—环境系统。人是指作为主体工作的人；机是指人所控制的一切对象的总称；环境是指人、机共处的特殊条件，它既受物理、化学因素的影响，也受社会因素的影响。把这三者作为一个系统进行总体设计，不再是人被动地去适应机器，而是与机器共同去完成一个目标，营造一个环境，从而获得系统的最高综合效能。（见图4-1）

图4-1　百货公司通勤电梯空间

商业空间人机设计，一方面，要研究人、机与环境各要素本身拥有的性能；另一方面，要研究这三大要素之间的相互影响、相互作用、相互关系，以及它们之间的协调方式。运用系统工程的方法，找出最优的组合方案，使人、机与环境系统的总体性能达到最佳状态，满足舒适、宜人、安全、高效、经济等指标。归纳起来有以下几个方面：

（1）人体本身特性的研究；

（2）人机系统的整体规划与设计；

（3）研究人与机器间信息传递的装置和工作场所的设计；

（4）环境控制、人身安全装置的设计，以及安全保障技术，即机器的安全本质、防护装置、保险装置、冗余性设计、防止人为失误装置、事故控制方法、救援方法、安全保护措施等。（见图4-2和图4-3）

图4-2　百货公司收银空间

图4-3　购物中心观光中庭

1. 人的心理与环境的关系

　　人与环境的交互作用主要表现为由环境刺激引起的人体的生理和心理效应，而这种人体效应又在人的行为中表现出来，我们称这种行为为环境行为。人选择和创造了生活的环境，环境又反作用于人，环境与人息息相关。

　　人与环境总是相互依存、相互影响的。当人处于室内外环境之中时，环境影响人的心理，进而影响人的行为。相反，当某个环境不能满足人的行为或者心理需求时，就要对其进行调整。可见，在进行室内外环境设计时，必须以人为核心，了解人心理与行为的规律，通过认识、理解、适应和改造环境，逐步创造满足人们行为和心理需求的生活环境。

　　现在我们看到，越来越多的厂商将"以人为本""人机工程学的设计"作为产品的特点来进行广告宣传。实际上，让机器及工作和生活环境的设计适合人的生理心理特点，使得人能够在舒适和便捷的条件下工作和生活，人机工程学就是为了解决这样的问题而产生的一门工程化的科学。我们将人和环境交互作用引起的心理活动的外在的表现和空间状态的推移称为环境行为。由于不同环境的刺激作用，不同社会因素的影响，人们所表现出来的环境行为是各不相同、多种多样的。（见图4-4）

图4-4　女装专区通勤通道

图4-5　直线式通道

对于商业空间的布局来说，人流通道的设计直接影响购买者的合理流动，一般来说，通道设计有以下几种形式。

1）直线式

直线式又称格子式，是指所有的柜台设备在布局上互成直角，构成通道。（见图4-5）这种通道形式的优点是：①布局规范完整，顾客易于寻找货物的放置地点；②通道根据顾客流量设计，宽度一致，能够充分利用场地面积；③能够采用标准化的陈列货架；④能够创造一种富有效率的气氛；⑤便于快速结算。

其缺点是：①容易形成一种冷淡的气氛，特别是在营业员的严肃目光之下，更加使得顾客手足无措，顾客的自由浏览被限制，也许只想尽快离开商店；②失窃率较高，容易丢失商品。

2）斜线式

斜线式通道（见图4-6）的优点是：①能使顾客比较随意地浏览，气氛较活跃；②能使得顾客一眼望去看到更多的商品，增加购买机会。

图4-6　斜线式通道

其缺点是：不能充分利用商业场地的面积。

3）自由滚动式

自由滚动式通道布局是根据商品和设备特点而形成的各种不同组合，或独立或聚合，没有固定或专设的布局形式，其销售形式也不固定。如：利用店面过道等空间树立立体广告物；外派形象小姐或由人装扮的可爱动物与顾客沟通；在顾客流通的地方如电梯和走廊设置动态的 POP 广告；将广告造型借用马达等机械设备或自然风力进行动态的展示。

这种通道形式的优点是：①便于顾客较自由地游览，不会使顾客产生急切感；②顾客可以随意穿行于各个货架或柜台之间；③气氛较活跃，可增加即兴购买的机会。

其缺点是：①较浪费场地面积，人员管理不方便；②顾客难以找到出口，导致顾客在店内停留时间过长，不便分散客流。

不同的商业空间布局带给人的心理感受如图 4-7 所示。

界面围合而成的形状空间	正向空间				斜向空间		曲面及自由空间	
人可能具有的心理感受	 稳定、规则	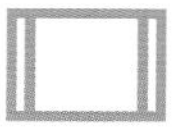 稳定、方向感	 低矮、亲切	 高耸、神秘	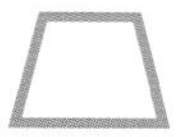 超稳定、庄重	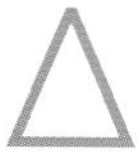 动态、变化	 和谐、完整	 活泼、完整
	略感呆板	略感呆板	压抑感	不亲切	拘谨	不规整	无方向感	不完整

图4-7　不同的商业空间布局带给人的心理感受

2. 人的行为模式与商业空间分布

各种环境因素和信息作用于环境中的人，了解人在空间里的行为以及与空间环境的对应关系，有助于更好地研究人的行为在空间的分布和流动特性。比如：观察人在餐厅中的就餐行为，忠实地记录顾客的分布和行动轨迹，就可看出餐厅里的餐桌布置、通道大小、出口位置等是否合理；观察分析顾客在商店里的购物行为，如实地记录顾客的行动轨迹、停留时间和分布状况，就可以看出柜台布置、商品陈列、顾客活动空间大小是否合理，从而进一步改善建成环境。

人们在环境中的流动形成人的流动，人们的流动具有一定的规律和倾向性，人群根据其在空间流动的特点大体上可以分为以下四类。

第一类是目的性较强的流动人群，往往在空间上选择最短的路程，有一定的方向性。

第二类是无目的的随意流动人群，其流动的方向、经由路径没有一定的选择，往往是乘兴而行。

第三类是以移动的过程为目的的人群，往往以旅游为目的，对途经的地点努力寻找丰富的意义，经过的路线和顺序是计划中先确定的，多不走回头路。

第四类是停滞休息状态的人群，由于观察或疲劳需要而暂时停留，造成对流动的干扰。

从心理感受来说，人总是希望可以有一个能带给自己安全感、能自我保护的空间的。在大型的公共商业空间中，人会有一种易于迷失的不安全感，更愿意找寻有所"依托"的物体。例如：在餐厅、酒吧等地方，有的人会选择靠墙、窗或有隔断的地方；在火车站或地铁站的候车厅或站台上，人们并不较多地停留在最容易上车的地方或可以做其他事情的地方，而是偏爱在厅内逗留，或是在站台上的柱子、树木、旗杆、墙壁、门廊和建筑小品的周围，远离人们的行走路线，并适当与人流通道保持距离。（见图 4-8）

人在心理上需要安全感，需要被保护的空间氛围，这种源于安全感的空间需要，我们称之为空间的"边界效应"。现代室内设计中越来越多地融入了穿插空间和子母空间的设计，其目的就是为人提供安全的空间环境。

心理学在空间环境设计中的应用越来越受到人们的重视。人类生存环境中存在各种不快和烦闷等密集而压抑的人为因素，当人们被这些不确定因素所困扰时，就产生了对自然事物的向往。设计离不开人的思维活动，设计师往往是通过研究人类的行为心理，将其运用于空间环境设计的实践中的，因为，空间环境设计与心理学关系密切。

图4-8　冰激凌店用餐空间

环境影响人们的心理和性格，不同的空间形状会使人产生不同的心理感受，反过来，人们又按照自己的心理性格布置环境。

二、设计尺度

1. 人机工程的尺度

空间尺度是一个整体的概念，首先要满足人的生理要求，如听觉、嗅觉、视觉方面的要求等，同时受到人的心理因素的影响，故空间尺度涉及环境行为的活动范围（三维空间）和满足行为要求的设备等占据的空间大小。

人们的各种工作和生活活动范围的大小，即动作域，它是确定室内空间尺度的重要依据之一。以各种计测方法测定的人体动作域，也是人机工程学研究的基础数据。如果说人体尺度是静态的、相对固定的数据，人体动作域的尺度则为动态的，其动态尺度与活动情景状态有关。室内设计时人体尺度具体数据尺寸的选用，应考虑在不同空间与围护的状态下，人们动作和活动的安全，以及对大多数人的适宜尺寸，并强调以安全为前提。例如：对门洞高度、楼梯净高、栏杆扶手高度等，应取男性人体高度的上限，并适当加以人体动态时的余量进行设计；对踏步高度、上搁板或挂钩的高度，应按女性人体的平均高度进行设计。

尺度在室内设计的创作中具有决定性的意义，是人们对空间环境及环境要素在大小方面进行评价和控制的度量。空间尺度是环境设计众多要素中最重要的方面之一，它的概念中包含人们面对空间作用下的心理以及更多的诉求，是具有人性和社会性的概念。在商业空间设计中，如果没有对空间位置和尺度进行限制与制订，也就不可能形成任何有意义的空间造型，因此从基础的意义上说，尺度是造型的基本必备要素。理想空间的获得，与它对应于人的心理感受和生理功能密切相关。

各种人造的空间环境都是为人使用的，是为适应人的行为和精神需求而建造的。因此，我们在设计时除了考虑材料、技术、经济等客观因素外，还应选择一个最合理的空间尺度。多数情况下，一个空间被定位成居住、办公、休闲或娱乐，那么它和其中的摆设的尺度也就相应地得以定位。比如卧室空间，人机工程学研究证明，15~18平方米的卧室最利于人的睡眠，会给人以安全、温暖之感，尺度过大易使人产生不安的情绪，过小则不利于空气流通且有压迫感。

2. 空间设备的尺度

设计首先应考虑空间的使用需求，其次要考虑到其中所摆设的物体的延续性，以满足人的生理、安全和情感需要。

我们通常所说的大空间，主要是指商业公共空间，包括城市环境中的广场、街道、大型绿地、公园、居住区，以及室内环境中的体育馆、大礼堂、大型商场、大型餐厅、影剧院等大型文化娱乐场所，其特点是要处理好人际行为的空间关系。在这种空间里，空间感应是开放的，空间尺度应该是大的。确定行为空间尺度，是根据人在室内外环境的行为特征来进行的。（见图4-9和图4-10）

图4-9　下午茶用餐空间　　　　　　　　　　　　　图4-10　果汁店休闲空间

当然，如果已有的建筑尺度难以达到某些空间需求，我们应多提供一些灵活的分隔及组合方式，究其一点，就是要确定一个符合该空间功能要求的空间尺度。

在我们的行为中，动机扮演的是中心角色。人的动机有许多而且各不相同，不仅有赖于个性和文化，而且会随着时间和情况的变化而变化，在研究人的行为怎样和空间及空间内的物体发生关联时，必须意识到这一点。

人们是被内心的基本需求所驱动着的。在本能地满足空间需求之后，透析动机变为重中之重。使用者需要这种空间的动机在哪？弄清楚这一点，设计就有了一个相对容易的突破口，同时也会出现一些意想不到的设计亮点或者发掘出更丰富的设计内容，这将有助于我们在设计的时候，综合更多的元素，完成多元化的室内设计。

通常人们并不擅长对任何形式的绝对感知，但是在有相对比较的情况下，人们则会对形式做出准确或近乎准确的判断。对于距离亦是如此，重要的是参照。室内设计主要的参照物是人和建筑空间。必要时，设计师会在室内做一些造型各异的装饰、隔断等来丰富空间层次，或者直接使用一些设备、设施来装饰空间。确定这些装饰和设施的位置、形状、大小，根本因素就是对其与空间内其他物体相互之间距离的准确把握。

人随着在空间内的移动，会看到其中的物体在不同角度、不同组合方式和搭配关系上的轻微差异，这些细微的变化能够激发人们改良空间环境的冲动，同时使人们能正确判断和及时调整物体之间的各种关系，使物体间的距离趋于和谐，并以此产生对合理尺度的判断。

合理的空间尺度背后不是什么抽象神秘的数据，而是实实在在的对人类个体及群体有益的客观规律。设计师只要在设计中紧密结合人的尺度，满足人的生理和心理方面的要求，就一定能创造出优美和谐的空间环境。

三、无障碍设计

商业空间人机设计的服务对象就是人，其目标就是尽量服务于最大众的人群，但难以同时满足所有人。在一般情况下，社会生活中大多数人能享受到基于人机设计标准的环境产品，除此之外，许多特殊人群，如残疾人、老年人、儿童及无家可归者有着特殊的生理、心理特征，以及不同于一般人的生存和生活需求，对于这些人的生存状态以及生理、心理特征的研究在商业空间设计中起到了一定的作用。

无障碍设计是城市环境设计中以人为本理念的重要表现。如今全世界越来越关注无障碍设计，无障碍设计直接关系着一个国家的城市形象与国际形象。推进无障碍设计，大力建设无障碍环境，是物质文明和精神文明的集中体现，是社会进步的重要标志，对培养全民公共道德意识，推动精神文明建设等具有重要的社会意义。

对无障碍设计概念的理解是进一步制定无障碍设计执行标准的前提，有助于确保为人类营造一个安全、方便、舒适的环境。

商业、服务、文化建筑都是需要实施无障碍设计的商业空间，建筑入口、走道、平台、门、门厅、楼梯、电梯、公共厕所、电话等应依据建筑性能配备相关无障碍设施。对于任何人都可利用的空间，不再区分残疾人和健康者的使用形式。

长期待在家中的老年人很容易和外界的环境隔绝，由于子女不在身边或丧偶，居家的老人极易产生孤独感，长期下去对老人的生理、心理健康不利，所以老年人会经常出行，出行的第一目的就是购买生活用品。中小型商场、超级市场等商业服务机构场所给老年人的生活带来了便利。对几座营业面积超过 10 000 m² 的超市的调查发现，大多数超市购物区内未设置座椅，设置座椅的地方在自选购物区外，要想坐在椅子上休息就不得不中断购物，这给购物带来很大的不便，在购物区内设置了座椅的，座椅数量也远远达不到要求。

根据《商店建筑设计规范》，商场营业厅面积指标按平均每位顾客 1.35㎡ 计算，则需要每个 64.8 m² 设置一个休息座位。（见图 4-11）

图4-11 购物空间的休息座位

第五章

商业空间照明设计

SHANGYE KONGJIAN ZHAOMING SHEJI

在商业展示中的照明，除了色彩，还存在着另一个重要的因素，就是光。光类似于色彩，可以直接影响和作用于观众的情绪，还可以渲染和烘托展示环境氛围。

物体颜色是由光源决定的，光对色彩产生一定影响。（见图5-1）

图5-1　商业空间的照明效果

一、作用

照明可以更大程度地提高展示的效果和回报，在商业展示中，照明既发挥了"硬件"作用，也发挥了"软件"作用。

首先，提供了展示空间的基本需要的照明，保证观众观看展品和展示活动正常进行的基本照明度，使展示环境具有舒适的视觉效果、展品有足够的亮度供观众清晰地观看。

其次，照明有保证安全的作用，照明要保证供电系统的安全。

最后，利用照明所营造的展示环境具有特殊的氛围，有助于展现出展示空间的风格与特色，突出商业展示的主题，对加强展示的效果有所帮助。（见图5-2和图5-3）

图5-2　化妆品空间照明

图5-3　时尚凉鞋空间照明

二、方式

室内照明从功能来看，分为基本照明、重点照明、装饰照明。照明的方式是综合的，但是在特定的场合中，不同的照明方式各具特点，统筹环境。

1. 基本照明

基本照明可给予室内整体空间完善、正常的照度。在现实空间功能中是极为常用的方式。基本照明即为一般照明，对商业空间形象、环境气氛都具有相当的影响力。基本照明不仅应有水平照度，而且应有一定数量的垂直照度。（见图5-4）

图5-4　书店空间照明

2. 重点照明

重点照明是指配合基本照明，在特定环节或局部所做的补充照明，比如橱窗、陈设架以及柜台的照明。采用重点照明，使展示品得以突出表现，以吸引顾客。重点照明的照度，由展品的种类、形态、大小、展示方法等决定，而且应与空间内的基本照明相平衡，一般取基本照明照度的3~6倍。重点照明常常采用投射灯，投光位置在物体前面斜上方处。重点照明的光源中，轨道灯可能是最常见的，因其具有可调性，能适应不断变化的展示要求。（见图5-5）

图5-5　某服装店重点照明货架

3. 装饰照明

装饰照明是指为突显个性和视觉效果而采用的调节气氛的照明方式。作为商业空间的装饰照明，应以展示和明示商业功能为前提，进行艺术气氛的烘托。

装饰照明是通过商业整体形象以及美化空间来打动顾客的一种照明方式，也可以说是一种观赏照明。这种"亮化工程"常用外形美观的灯具、个性化的灯具排列方式，主要目的是活跃商业展示空间的气氛，加深顾客的印象。（见图5-6和图5-7）

图5-6　服装店里的装饰照明　　　　　图5-7　服装店配套照明设计

三、光的分类

光源，即能够发出一定波长范围电磁波的物体。光分为自然光、人造光，以及两种光的混合。

1. 自然光

自然光通常指自然界最主要的光源——太阳发出的光。利用自然光可以创造出光影交织、似透非透、虚实对比、投影变化的环境效果；同时，对自然光的利用也是时下一种倡导环保、回归自然的做法。

但是，由于自然光有一些人为不可控制的因素，例如其光色比较固定等，所以自然光并不能满足所有商业展示环境的照明需求，通常，只有在户外的商业展示，因其流动性较高，才采取自然光源的照明方法。

2. 人造光

人造光区别于自然光，是指为了创造与自然光不同的光照环境，弥补自然光因为时间、气候、地点不同造成的采光不足，以商业展示设计需求为目的，而采取的人造光源发出的光。人造光的采用除满足上述需求以外，还要考虑一些艺术效果，而且在灯具（光源）、照明方式上也要考虑功能与艺术的统一。（见图5-8）

图5-8　商业空间照明设计夜晚效果

3. 自然光与人造光的混合

在商业展示设计中，通常也将自然光源和人工照明以及各种照明方式和艺术表现手法穿插和配合使用，巧妙而和谐地将这些照明方法糅合，使展示空间的视觉效果更加丰富，达到渲染空间层次、改善空间比例、限定空间路线、强调空间中心等效果。

如同商业展示设计一样，照明设计也并不是一门独立的学科，它常常伴随着心理学、工程技术学、艺术学等相关的学科而共同存在和运用。所以在设计照明时，首先以功能照明为基础，满足展示需要的合理照明标准，注意照明设计的安全性，同时尽可能地节能，将照明设计科学化，做到照明设计的多学科整合。

四、照明灯具的分类

商业展示灯具主要有台灯、地灯、吸顶灯、吊灯、壁灯、镶嵌灯、槽灯、投光灯、分色涂膜镜和轨道灯等。（见图 5-9 和图 5-10）

图5-9　某服装店的吊灯

1. 台灯、地灯

以某种支撑物来支撑，从而形成统一整体的光源，当运用在台面上时叫台灯，运用在地面上时叫地灯。这两种灯具一般用于补充照明，现在越来越多地用于气氛照明和一般照明的补充照明。在餐厅、酒吧、咖啡馆，利用台灯的装饰性来营造气氛的手法非常常见。地灯多为大型购物中心的外部地面的装饰，在夜晚时分犹如落地的点点繁星，甚是好看。

2. 吸顶灯

吸顶灯是指固定在商业展示空间顶棚上的基础照明光源。从构造上分为浮凸式和嵌入式两种。灯罩有球体、扁圆体、柱体、椭圆体、椎体、方体、三角体等造型。白炽灯所选功率为 40 W、60 W、75 W、100 W 和 150 W 等，荧光灯一般选用 30 W 或 40 W 等。

3. 吊灯

吊灯一般安装在距离顶部 50 mm~1000 mm 的位置，光源中心与顶部的距离以 750 mm 为宜。此外，吊灯的装饰性很强，吊灯通常出现在室内空间的中心位置，所以它的造型和艺术形式在某种意义上决定了整个商业展示空间的艺术风格、装修档次等。

4. 壁灯

安装于墙上的灯具叫壁灯。壁灯有一定的功能性，如在无法安装其他照明灯具的环境中，就要考虑用壁灯来进行功能性照明。在高大的展示空间内，选用壁灯来进行补充照明，能解决照度不足的问题。同时，壁灯还可以创造出理想的装饰性和艺术效果。

5. 镶嵌灯

镶嵌灯是指安装在商业展示空间顶部的灯具，如灯棚或灯檐，均用于基础照明。在吊顶中装入荧光灯或者白炽灯，可做成隔绝式或者漏透式的吊顶。前者以毛玻璃遮挡光源作为展示的装饰照明，后者采用金属或塑料格片等遮挡光源。

6. 槽灯

槽灯安装在顶棚四周或者大厅顶棚梁条上，光源隐蔽，主要通过反射起照明作用。反光槽灯可以射出均匀的光，无明显阴影，也不易产生眩光。

7. 投光灯

投光灯为小型聚光照明灯具，有夹式、固定式和鹅颈式，通常固定在墙面、展板或者管架上，可调节方位和投光角度，主要用于重点照明。

8. 分色涂膜镜

分色涂膜镜是一种涂有多层特殊膜面的反光镜，其光源为冷卤素灯泡，具有配光性能好和超小型体积的特点，通常用于贵重物品的重点照明。

图5-10　服装店的灯具照明

图5-11　珠宝店照明设计

9. 轨道灯

轨道灯是指在商业展示空间顶部装配金属轨道，轨道上再安装若干可移动的反射投光灯的照明灯具。

五、照明类型

1. 直接照明

直接照明（见图 5-11）是指光线通过灯具射出，其中90%~100%的光通量到达指定的工作面上。这种照明方式具有强烈的明暗对比，并能造成生动有趣的光影效果，可突出工作面在整个空间中的主导地位；但是由于亮度较高，应防止眩光的产生。

用于直接照明的主要灯具有白炽灯、荧光灯和高强气体放电灯，常见的灯具有筒灯、吊灯、灯带、光棚等。

2. 间接照明

间接照明方式是将光源遮蔽而产生间接光的照明方式，其中90%~100%的光通量通过折射或者漫射的方式作用于工作面，10%以下的光线则直接照射工作面。间接照明通常有几种处理方法，可以将不透明的灯罩装在光源的下部，光线射向平顶或者其他物体上，经反射成为间接光线。这种照明方式单独使用时，需注意不透明灯罩下部的浓重阴影。间接照明的特点是光线柔和、层次感强，无眩光、表现力强，可用于烘托环境气氛和一般照明。间接照明常使用白色荧光灯管、彩色荧光灯管和投光灯等，这些灯具具有采光、装饰的双重功能。（见图5-12）

图5-12　面包店的各种灯具照明

3. 半直接照明与半间接照明

半直接照明方式用半透明材料制成的灯罩罩住光源上部，60%~90%以上的光线集中射向工作面，10%~40%的光线被罩住又经半透明灯罩扩散而向上漫射，其光线比较柔和。由于漫射光线能照亮平顶，使房间顶部的视觉高度增加，因而能产生较高的空间感。半间接照明将大部分光线照射到顶部或者墙的上部，使顶部照度均匀，没有明显阴影。（见图5-13）

4. 均匀漫射型照明

均匀漫射型照明利用灯具的折射功能来控制眩光，将光线向四周扩散。这种照明大体上有两种形式：一种是光线从灯罩上口射出，经平顶反射，两侧的光线从半透明灯罩扩散，下部光线从格栅扩散；另一种是用半透明灯罩把光线全部封闭而产生漫射。这类照明光线柔和，给人舒适的视觉感受。

5. 整体照明

整体照明（见图5-14）是指整个商业展示空间的照明，又称为基础照明，通常采用泛光照明或者间接照明形式，也可根据场地具体情况，采用自然光源作为整体照明的光源。这种照明形式提供了一个良好的水平面和工作面，在光线经过的空间里没有障碍，任何地方光线充足。通常，基础照明与展品照明的照度比宜为1：3，展柜内的照度为基础照明的2~3倍。

图5-13　服装店空间若隐若现的照明设计

图5-14　某店的整体照明设计

6. 装饰照明

装饰照明也称气氛照明，主要通过一些色彩和动感上的变化，以及智能照明控制系统等，在有了基础照明的情况下，加以一些照明来装饰，令环境增添气氛。装饰照明能产生很多种效果和气氛，给人带来不同的视觉享受。在商业展示中，实现装饰照明，可以借由以下几种方式实现：一是灯具本身的空间造型以及照明方式；二是灯光本身的色彩及光影变化所产生的装饰效果；三是灯光与空间和材质表面配合所产生的装饰效果；四是一些特殊的、新颖的先进照明技术的应用所带来的与众不同的装饰效果。

7. 全封闭式照明

全封闭式照明常用于特殊产品或者贵重展品的展示，由于展品的特殊性，展品的陈列方式选择了全封闭式的陈列，照明设计为了保证光源均匀，避免出现眩光及某些影响视觉的阴影，一般采用顶部照明的方式，光源设在展柜的顶部，光源与展品之间用磨砂玻璃或光栅隔开，对光源进行相应的散热处理。

8. 垂直照明

垂直照明一般在展区正上方安装投光灯或者卧槽灯，也可运用灯箱的效果。这一照明方式主要用于表现平面展板及绘画作品或文字说明等的照明和显示展台实物的立体效果。

六、色彩应用

不同的商业空间根据各自的特征在色彩设计中各有不同，但是设计者在展示个性的同时，需要遵循以下一些色彩应用的基本原则。

1. 顾全大局的整体原则

商业空间的色彩设计不是单一、孤立地存在的，各具功能特点的色彩总会彼此影响，因此，要运用色彩的对比与调和的手段，从整体出发，分析其色彩设计应该使用的基本色调。（见图5-15）

图5-15 化妆品柜台的色彩设计

同类色是典型的调和色，搭配效果简洁明净、单纯大方，但也容易使人产生沉闷、单调的感觉，所以在使用时应适当地改变色彩的明度和纯度，并注意色相与冷暖等方面的对照，让色彩成为联系众多差异空间的"桥梁"，使整体环境和谐统一。

2. 形式与功能相统一的原则

商业空间的色彩设计，是以人的色觉生理、心理的适应性和功能性为前提的。不同的颜色搭配，可以满足不同的功能要求，反映不同的空间特性。完美的商业空间色彩设计既要考虑使用功能，也要突出其空间的个性。

由于不同的商业空间有着不同的使用功能，因此商业空间的色彩设计也要随其功能的差异而做出相应的变化。例如，对于一个生命垂危的病人来说，面对医院的白墙难免产生生命无望的恐惧心理，但如果在装饰重危病房时使用象征生命的绿色，就会对病人的心理产生潜移默化的暗示作用。可见，将所设计的商业空间的色彩与其功能紧密相连是非常重要的。

3. 以人为本的原则

各种类型的商业空间都是为了生活和工作在其中的人服务的，人是建筑的使用者和欣赏者，所以在设计商业空间的色彩时，要充分考虑到人身处商业空间之中的感受。由于不同的商业空间面对不同年龄阶段的消费群体，所以在色彩的运用上也有很大差异。

老年人活动中心一般不宜采用过多的色彩鲜艳的颜色，颜色纯度也不宜过高，要稳重、柔和、安静，给人以亲和力。如强烈的红色给人以刺激、活跃的感觉，老年人本身体质下降、思维功能退化，经不起刺激，活跃的红色，要用中性灰来进行搭配，给人以稳重的感觉。而像游乐场等儿童活动的空间，就要采用明丽清秀的色彩，不可使人眼花缭乱，但又不能失去强烈的对比，来提高儿童的兴趣和思维活跃度。青年人比较活跃、热情、有个性，但平时面对的工作压力比较大，因此要以忘记外部环境、减少疲劳为基点来设计面向青年人的商业空间。当然还要考虑一些特殊的人群，他们身体不够健全，在这个基础上就应该采用比较和缓的淡雅色彩，让他们对生活充满希望。

商业空间的色彩设计要从人的生理、心理等多个角度出发，设计符合广大消费者审美趣味的商业空间色彩。（见图 5-16）

图5-16　某店的墙饰的色彩设计

4. 符合客观色彩规律

原则上，商业空间的色彩设计应该综合考虑建筑设计和室内设计的连贯性、共通性。在确定色彩时，首先，必须了解建筑的性质和室内环境的具体功能，理解建筑设计的整体风格和设计思想，在此基础上结合建筑设计的风格概括出室内设计氛围的核心内涵、主体色调；其次，在商业空间的基本色彩确定以后，还需要确定色彩的布局和比例分配以及与之搭配的辅助色彩；最后我们应该遵循对比、调和等色彩规律，消除主观偏好和流行趋势的影响，遵循由主体到陪衬、由大到小的设计步骤来保持色彩设计的整体感和主次感。

充分发挥想象，不断实践，不断进行色彩分析、比较、搭配，才能真正体现出色彩独特的魅力。（见图5-17）

图5-17 某店柔和的色彩设计

第六章

商业空间材料运用

SHANGYE KONGJIAN CAILIAO YUNYONG

在商业空间设计中，材料犹如商业空间的外衣，使空间呈现出多姿多彩的形态，所以材料的选用也是一项重要的工作。如今商业空间的材料选择呈现出高端化和多样化的趋势，所以材料的种类繁多，而每种材料都有不同的质感、不同的色彩、不同的视觉效果。在商业空间设计中，在材料的选用上要符合整个商业空间设计的美观要求，充分利用相应的材料创造优雅的空间气氛。（见图6-1）

图6-1　某商业空间不一样的材料呈现出不一样的效果

一、材料的分类

材料根据其性能可以分为：木材、石材、陶瓷、玻璃、金属、壁纸、织品、塑料、涂料等。

1. 木材

木材作为建筑材料已有悠久的历史，但在现代建筑中很少使用，随着人们环保意识的加强，木材在建筑中的使用已有所增加。木材用于商业空间设计已有悠久的历史，木材材质轻、强度高，有较好的弹性、韧性，易加工，易进行表面涂饰，对电、热、声有绝缘性。（见图6-2和图6-3）

在商业空间的装修工程中木材一般有两种用法。①做骨架。木材可以加工成不同厚度、宽度的板材。在硬度上，木材有硬木、软木之分。木材必须经过干燥处理，将含水量降到允许范围内，再加工使用。可用于隐蔽工程和承重工程，如房屋的梁、吊顶用的木龙骨、地板龙骨等。用作骨架的常见木材有松木、杉木等。②用作室内空间设计及家具制造的主要饰面材料。常用的原木有红松、榆木、水曲柳、香樟、椴木等，比较贵重的有花梨木、榉木、橡木等。

木材易被虫蛀，易燃，在干湿交替中会腐朽，具有天然疵病。木材按用途和加工的不同可分为原木、原条、普通锯材、特种用材和木质人造板材等，在商业建筑设计中，我们常会用到的木材如下。

（1）红松：材质轻软，强度适中，干燥性好，耐水，耐腐，加工、涂饰、着色、胶合性好。

（2）白松：材质轻软，富有弹性，结构细致均匀，干燥性好，耐水，耐腐，加工、涂饰、着色、胶合性好。白松比红松强度高。

（3）桦木：材质略重硬，结构细，强度大，加工、涂饰、胶合性好。

（4）泡桐：材质甚轻软，结构粗，切水电面不光滑，干燥性好，不翘裂。

（5）椴木：材质略轻软，结构略细，有丝绢光泽，不易开裂，加工、涂饰、着色、胶合性好，不耐腐，干燥时稍有翘曲。

（6）水曲柳：材质略重硬，花纹美丽，结构粗，易加工，韧性大，涂饰、胶合性好，干燥性一般。

（7）榆木：花纹美丽，结构粗，加工、涂饰、胶合性好，干燥性差，易开裂翘曲。

（8）柞木：材质坚硬，结构粗，强度高，加工困难，着色、涂饰性好，胶合性差，易干燥，易开裂。

（9）榉木：材质坚硬，纹理直，结构细，耐磨，有光泽，干燥时不易变形，加工、涂饰、胶合性较好。

（10）枫木：重量适中，结构细，加工容易，切削面光滑，涂饰、胶合性较好，干燥时有翘曲现象。

（11）樟木：重量适中，结构细，有香气，干燥时不易变形，加工、涂饰、胶合性较好。

（12）柳木：材质适中，结构略粗，加工容易，胶合与涂饰性能良好，干燥时稍有开裂和翘曲。以柳木制作的胶合板称为菲律宾板。

（13）花梨木：材质坚硬，纹理余，结构中等，耐腐，不易干燥，切削面光滑，涂饰、胶合性较好。

（14）紫檀（红木）：材质坚硬，纹理余，结构粗，耐久性强，有光泽，切削面光滑。

（15）人造板：常用的有三合板、五合板、纤维板、刨花板、空心板等，因各种人造板的组合结构不同，可克服木材的胀缩、翘曲、开裂等缺点，故在家具中使用，具有很多的优越性。

图6-2　原木楼梯

图6-3　利用原木来装饰空间，显现家具的质感

2. 石材

作为装饰的石材，分为天然石材和人造石材两类。天然石材是指从天然岩体中开采出来，经过加工制成的块状、板状等产品的总称。天然石材分为花岗石和大理石两大类。大理石由于其质地较软、纹理丰富、色彩多样，所以在商业空间设计中一般用于室内地面和墙面（见图6-4）。花岗岩的外表多为颗粒状，质地坚硬，多用于室内装饰和室内地面。

图6-4　大理石室内装饰

　　人造石材是以碎石渣为骨料支撑的板块材料的总称，是一种人工合成的装饰材料。按照所用黏结剂不同，可分为有机类人造石材和无机类人造石材两类。按其生产工艺过程的不同，又可分为聚酯型人造大理石、复合型人造大理石、硅酸盐型人造大理石、烧结型人造大理石四种类型。人造石材一般用于服务台、厨房台面、楼梯扶手、墙身、圆柱、方柱等，极少用于地面。

　　石材按用途大致可以分为如下几类。

　　（1）饰面石材：主要为各种颜色、不同花纹图案、不同规格的天然花岗石、大理石、板石及人造石材，包括复合材、水磨石板材等，种类繁多。

　　（2）墙体石材：主要用于建筑群体的内外墙，规格各异，如外墙用蘑菇石、壁石、文化石、幕墙干挂石，天然型、复合型及基础用不同规格块石等。

　　（3）铺地石材：室内外、公园、人行道的天然石材成品、半成品和荒料块石等。

　　（4）装饰石材：如壁帘、图案石、文化石、各种异型石材加工的圆柱、方柱、线条石、窗台石、楼梯石、栏杆石、门套、进门石等。

　　（5）生活用石材：如石材家具、灶台石、卫生间台板、桌面板等。

（6）艺术石材：楼宇大厅、会议室、走廊、展示厅等用石雕、艺雕制品，如名人雕像、飞禽走兽雕像、浮游生物塑像、石碑、牌坊石、志铭石等。

（7）环境美化石材：这类石材又称为"环境石"，如路缘石、车止石、台阶石、拼花石、屏石、花盆石、饮水石、石柱、石凳、石桌等。

（8）电器用石材：各种不同规格的绝缘板、开关板、灯座、石灯等。

3. 陶瓷

陶瓷表面平整光滑，容易施工，视觉形象整齐划一，在室内空间装饰中可以节省施工时间，并且瓷砖经上千度高温烧制而成，性能稳定，不易变形。（见图6-5和图6-6）

图6-5　陶瓷制作而成的罐子　　　　　　　　　　图6-6　陶瓷制作而成的葫芦

在我国，大家习惯于把陶器与瓷器统称为陶瓷制品，陶瓷的色彩种类繁多，在空间设计中大多用于厨房、卫生间、室内空间装饰等。陶瓷砖有多种分类方法，一般在商业空间里分为以下四类。

1）抛光砖

抛光砖是通体砖坯体的表面经过打磨而成的一种光亮的砖，属于通体砖的一种。相对通体砖而言，抛光砖的表面要光洁得多。抛光砖坚硬耐磨，适合在除洗手间、厨房以外的多数室内空间中使用。在运用渗花技术的基础上，抛光砖可以做出各种仿石、仿木效果。抛光砖有一个致命的缺点：易脏。这是抛光砖在抛光时留下的凹凸气孔造成的。

2）玻化砖

为了解决抛光砖出现的易脏问题，市面上又出现了一种玻化砖。玻化砖其实就是全瓷砖，其表面光洁但又不需要抛光，所以不存在抛光气孔的问题。玻化砖是一种强化的抛光砖，它采用高温烧制而成。比抛光砖质地更硬、更耐磨。毫无疑问，玻化砖的价格也更高。玻化砖主要用于地面和墙面，常用规格有 400 mm×400 mm、500 mm×500 mm、600 mm×600 mm、800 mm×800 mm、900 mm×900 mm、1000 mm×1000 mm。

3）马赛克

马赛克是一种以特殊形式存在的砖，它一般由数十块小块的砖组成一块相对较大的砖。它小巧玲珑、色彩斑斓，被广泛用于室内小面积地面、墙面。陶瓷马赛克是最传统的一种马赛克，以小巧玲珑著称，但较为单调，档次较低。

4）通体砖

通体砖的表面不上釉，而且正面和反面的材质和色泽一致，因此得名。通体砖是一种耐磨砖，虽然现在还有渗花通体砖等品种，但相对来说，其花色比不上釉面砖。由于目前的室内设计越来越倾向于素色设计，因此通体砖也越来越成为一种时尚，被广泛用于厅堂、过道和室外走道等装修项目的地面，一般较少用于墙面。多数的防滑砖都属于通体砖。通体砖常用的规格有300 mm×300 mm、400 mm×400 mm、500 mm×500 mm、600 mm×600 mm、800 mm×800 mm。

4. 玻璃

玻璃在商业空间设计中的应用非常广泛，从室内屏风、门、隔断、墙体装饰到外墙窗户及外墙装饰等都能用到。

玻璃主要分为平板玻璃和特种玻璃。平板玻璃即为市场上常见的玻璃，可用于外墙窗户、门以及室内屏风、弹簧玻璃门和一些隔断。（见图6-7）

图6-7　玻璃隔断装饰，从屋内可以看到室外的自然风景

商业空间玻璃可分为如下几种。

（1）镭射玻璃：对玻璃表面进行特殊工艺处理形成光栅，在复色可见光的照射下，呈现出色彩绚丽的七色光束或各种图案，随着光源入射角或视角不同产生五光十色的变幻，具有迷人的浪漫色彩。

（2）激光玻璃：借助表面光栅对复合光源产生分光、衍射和干涉等特殊作用，是一种新型装饰材料，可用于高档商厦、宾馆、饭店和舞厅等建筑物内外墙面、地面、桌面和艺术壁画等装饰。激光玻璃可代替瓷砖、大理石、花岗石和不锈钢等装饰材料，使建筑物富丽堂皇，具有彩虹和钻石般的美感，而且比上述装饰材料成本低，在硬度、耐磨性和抗冲击性上也优于它们。

（3）镀膜玻璃：由于镀膜玻璃表面镀了一层薄膜，所以能改变玻璃对太阳辐射的反射率和吸收率，保持需要可见光的透射率，减少进入室内的太阳辐射，提高对远红外线的反射率，减少室内热量的散失，用于装饰时玻璃表面可反映周围的景物，衬托蓝天白云。主要节约空调的能耗和费用，可作为侧窗、阳台的玻璃。

（4）视飘玻璃：视飘玻璃在没有任何外力的情况下，玻璃上的花色图案随着观察者视角的改变而发生飘动，图案线条清晰流畅，使居室平添一种神秘的动感。视飘玻璃所用的色料是无机玻璃色素，膨胀系数和玻璃基片相近，所以花色图案与基片结合牢固，无裂缝，不脱落。

（5）玻璃马赛克：玻璃马赛克又称为锦玻璃，它是以玻璃为基料并含有未溶解微小晶体的乳浊或半乳浊玻璃制品，内含气泡和石英砂颗粒，一面光滑，另一面有槽纹，颜色有红、蓝、黄、白、黑等几十种，主要包括彩色玻璃马赛克和压延法玻璃马赛克，可分为透明、半透明和不透明三种，还有带金色、银色斑点或条纹的。

（6）空心玻璃砖：空心玻璃砖是由两个半块玻璃砖坯组合而成，具有中间空腔的玻璃制品，周边密封，空腔内有干燥空气并存在微负压，具有较强的隔热、隔音性，能控光、防结露和减少灰尘透过，是一种较高档的装饰材料，可用于办公楼、写字间、宾馆和别墅等建筑物内部的隔断、门厅、柱子和吧台等不承受负荷的墙面装饰。

（7）中空玻璃：中空玻璃是一种由两片或多片玻璃组合而成，玻璃与玻璃之间的空间和外界用密封胶隔绝，里面是空气或其他特殊气体的玻璃。中空玻璃具有优良的隔热和隔音性能，相比砖墙和混凝土墙体轻得多。对于建筑节省能源的要求，中空玻璃以其不可替代的优越性能而被广泛使用，如高档宾馆、饭店、机场、医院、科研所、实验室，以及仪器仪表、广播电视、车辆等需为室内创造恒温恒湿环境或需隔热隔音等场所，还有中高档住宅，以及食品橱、冷藏柜等。

5. 金属

金属是工业气息和现代气息很浓的装饰材料，也是结构材料的一种。我们常见的金属材料如铁、铝、铜、锌等，它们不仅丰富了现代空间设计中的装饰，也体现了一定的工业生产力度。目前，不锈钢、铝合金、铝材等金属材料被广泛应用。这几种材料材质轻、不易变形、质地坚硬、延展性强、耐腐蚀、防火性好并且加工方便，深受当代设计者的喜爱。

金属的分类如下。

（1）黑色金属：指铁和以铁为基体的合金，如生铁、钛合金、合金钢（不锈钢）、铸铁、铁基粉末合金、碳钢等。

（2）有色金属：指包括除铁以外的金属及其合金，又称非铁金属。其大多具有漂亮的色彩和独特的金属质感。常用的有铝及铝合金、铜及铜合金、钛及钛合金等。

（3）轻金属：轻金属的共同特点是比重小于5，包括铝、镁、钠、钾、钙、锶、钡。

（4）重金属：重金属原义是指比重大于5的金属，包括金、银、铜、铁、铅等，重金属在人体内的累积达到一定程度，会造成慢性中毒。

6. 壁纸

壁纸在现代室内装饰中的运用较为广泛，常用于墙面和天花板面的装饰。壁纸图案变化多、色彩丰富，通过压花、印花、发泡等多种工艺形成各种不同的图案，其色彩丰富性是其他任何墙面装饰材料所不能比的。壁纸除了美观外，也有耐用、易换、施工方便等特点。（见图6-8、图6-9和图6-10）

常见的壁纸主要有以下三种。

（1）普通型壁纸——其表面装饰通常为印花、压花或印花与压花的组合。

（2）发泡型壁纸——按发泡倍率的大小，又有低发泡壁纸和高发泡壁纸的分别。其中，高发泡壁纸表面富有凹凸花纹，具有一定的吸声效果。

（3）功能型壁纸——其中，耐水壁纸用玻璃纤维布作基材，可用于装饰卫生间、浴室的墙面。

7. 织品

现代室内设计大量运用布料进行墙面装饰、隔断以及背景装饰，形成良好的商业空间展示风格。织品在装饰陈列中起到了相当重要的作用，也是表面装饰中常见的材料，包括无纺壁布、亚麻布、帆布、尼龙布、化纤地毯等。（见图6-11）

图6-8 不同的壁纸装饰,不同的装修风格　　　　　　　　图6-9 壁纸装饰

图6-10 壁纸背景墙配合中国风屏风,中国元素更为突出好看

（1）无纺壁布：采用天然植物纤维无纺工艺制成，拉力更强，更环保，不发霉发黄，透气性好，是高品质墙纸的主要基材。无纺布墙纸产品源于欧洲，从法国流行，是最新型、最环保的装饰材料之一。因其采用的是纺织中的无纺工艺，所以无纺布墙纸也叫无纺布，但确切地说应该叫无纺纸。

（2）亚麻布：除合成纤维外，亚麻布是纺织品中最结实的一种。其纤维强度高，不易撕裂或戳破，可任由调色刀在上面刮、压。表面不像化纤和棉布那样平滑，具有生动的凹凸纹理。

（3）帆布：帆布通常分粗帆布和细帆布两大类。细帆布用于制作劳动保护服装及用品，经染色或印花后，也可用作鞋材、箱包面料、手袋、背包、桌布、台布等。粗帆布又称篷盖布，具有良好的防水性能，用于汽车运输和露天仓库的遮盖以及野外帐篷。由于帆布是由多股线织造而成的，所以质地牢固、耐磨、紧密厚实。

（4）尼龙布：尼龙布的染色性在合成纤维里是较好的，穿着轻便，又有良好的防水防风性能，耐磨性高，强度、弹性都很好。不耐晒，易老化。

（5）化纤地毯：外观与手感类似于羊毛地毯，耐磨而富有弹性，具有防污、防虫蛀等特点，价格低于其他材质的地毯。比较适合铺在走廊、楼梯、客厅等走动频繁的区域。其中，尼龙地毯容易产生静电，而且不耐热、易燃烧、易污染。

图6-11　沙发织品

8. 塑料

塑料有很强的可塑性，可以制作出不同尺寸、色彩和形状的物体，价格低廉且种类繁多、功能各异。塑料通过特殊的工艺处理，在强度、隔热、抗腐蚀、绝缘、不易破碎、质量轻、抗紫外线等方面品质优良。以往常用于商业展示的展台，现在越来越多地用于专卖店陈列道具的设计上，轻盈、简洁，具有强烈的时代感。（见图6-12）

塑料的主要优点有：①轻质、比强度高；②加工性能好；③导热系数小；④装饰性优异；⑤具有多功能性；⑥具有经济性。

塑料的主要缺点有：①耐热性差、易燃；②易老化；③热膨胀性大；④刚度小。

总之，塑料及其制品的优点多于缺点，且塑料的缺点可以通过采取措施加以弥补。随着塑料资源的不断发展，建筑塑料的发展前景是非常广阔的。塑料常用于商业空间的地板、门窗、装修配件等，分布在各个空间里。

图6-12　塑料制作的台灯

室内设计中常见的塑料如下。

（1）塑料弹性地板:塑料弹性地板有半硬质聚氯乙烯地面砖和弹性聚氯乙烯卷材地板两大类。地面砖的基本尺寸为 300 mm × 300 mm × 1.5 mm，表面可以有耐磨涂层、色彩图案及凹凸花纹，地面接缝少，容易保持清洁，弹性好，步感舒适，具有良好的绝热吸声性能。

（2）塑料门窗和装修配件：由于薄壁中空异型材挤出工艺和发泡挤出工艺的不断发展，用塑料异型材拼焊的门窗框、橱柜组件以及各种室内装修配件，常用于墙板护角、门窗的压缝条、石膏板的嵌缝条、踢脚板、挂镜线、天花吊顶回缘、楼梯扶手等处，兼有建筑构造部件和艺术装饰品的双重功能，既可以提高建筑物的装饰水平，又能发挥塑料制品外形美观、便于加工的优点。

（3）泡沫塑料：一种轻质多孔制品，具有不易塌陷、不因吸湿而丧失绝热性能的优点，是优良的绝热和吸声材料。泡沫塑料的产品有板状、块状及特制的形状，可以进行现场喷涂。泡沫塑料中，泡孔互相联通的，称为开孔泡沫塑料，具有较好的吸声性和缓冲性；泡孔互不联通的，称为闭孔泡沫塑料，具有较小的热导率和吸水性。

（4）玻璃纤维增强塑料：常用于建筑中的透明或半透明的波形瓦、采光天窗、浴盆、整体卫生间、泡沫夹层板、通风管道、混凝土模壳等。它的优点是比强度高、耐腐蚀、耐热和电绝缘性好。它所用的热固性树脂有不饱和聚酯、环氧树脂和酚醛树脂。

图6-13　涂料形成的蓝色背景墙

9. 涂料

涂料是一种含有颜料或不含颜料的化工产品，可以起到保护和美化的作用，施工快捷而简单，价格低廉，在色彩、质感和光泽上都有不错的表现力。用来涂于物体表面，黏结形成完整而坚韧的保护膜（见图6-13）。涂料包含了油漆，涂料可以分为水性漆和油性漆。在商业空间中经常用乳胶漆，由于人们的要求越来越高，乳胶漆的延伸产品也越来越多，如防水乳胶漆、调和漆、清漆和磁漆等。涂料大致可以分为以下四类。

（1）低档水溶性涂料：将聚乙烯醇溶解在水中，再在其中加入颜料等其他助剂制作而成。这种涂料的缺点是不耐水、不耐碱，涂层受潮后容易剥落，属低档内墙涂料，适用于一般的内墙装修。该类涂料具有价格低廉、无毒、无臭、施工方便等优点。

（2）乳胶漆：属中高档涂料，虽然价格较贵，但因其优良的性能和装饰效果，所占据的市场份额越来越大。好的乳胶漆涂层具有良好的耐水、耐碱、耐洗刷性，受潮后不容易剥落。

（3）多彩涂料：该涂料的成膜物质是硝基纤维素，以水包油形式分散在水相中，一次喷涂可以形成多种颜色花纹。

（4）仿瓷涂料：其装饰效果细腻、光洁、淡雅，价格不高，只是施工工艺繁杂，耐湿擦性差。

二、材料的使用原则

1. 实用

商业空间的功能需要用材料来实现，设计师也可以利用材料的属性来解决实际问题，如：玻璃可以解决室内采光问题；石材可以满足承重、防水、耐磨等要求；铝合金由于质量轻、性能稳定可以降低吊顶的重量并可用于室外。根据使用要求挑选材料，材料不是越贵越好，而是越合适越好，所以尽量选用质优价廉、功效好、安装简便的材料。同时，要考虑材料的实用性、寿命以及日后维修和废弃的费用。

2. 生态

现今全球普遍关注维持生态系统、保护生存环境、合理利用资源这三大问题，在空间设计中应选用绿色建材，不浪费，不堆砌材料，合理利用自然资源，保护生态环境。

3. 环保

在选用材料时，应该考虑材料的环保因素，比较材料之间的环保差距，最后做出正确选择。环保是由材料对人体危害程度的大小决定的。例如，石膏板虽然价格低廉，但是却具有污染小、防火性能高、吸音等特点，并且施工方便，易于各种展示造型的塑造，是主要的环保材料。所以，在不影响整体效果的原则下，应尽可能用一些经济型环保展示材料代替昂贵奢侈的材料，降低成本，最大限度地表现设计效果。

4. 循环利用

为了减少对环境的污染、不浪费材料，应该对已使用的材料进行回收和第二次加工，让它能够用于不同的领域，以实现材料的循环利用，减少材料的浪费和对环境的污染。

第七章

商业空间家具设计

SHANGYE KONGJIAN JIAJU SHEJI

家具既可以是手工艺作品，也可以是现代工艺产品。影响家具的因素一般有材料、结构、外观形式和功能等四种，其中：功能是先导，是推动家具发展的动力；结构是主干，是实现功能的基础；由于家具是为了满足人们一定的物质需求和使用目的而设计与制作的，因此家具还具有外观形式和功能方面的因素。这四种因素互相联系，又互相制约。

一、家具的定义

家具相对于室内空间来讲，具有较大的可变性。设计师往往利用家具的造型来控制室内空间的关系，变换空间的使用功能，或者提高室内空间的利用效率。另一方面，家具相对室内纺织品和装饰物来讲，又具有一定的固定性。家具布置一旦定位、定形，人们的行动路线、房间的使用功能、装饰品的观赏点和布置手段都会相对固定，甚至房间的空间艺术趣味也因之而被确认。家具这种既可动，又不可轻易动的空间特性决定了家具作为室内空间构成构件的重要地位。

随着人类文明的发展，人们对周围环境的设计提出越来越高的要求，因此家具的种类、造型、统一性及实用性越来越好。设计师必须在设计过程中了解家具的种类、特点及与家具有关的人机工程学知识，才能充分利用家具这一室内空间的构件来创造出丰富、宜人的室内空间形态。（见图7-1）

图7-1 动物形状的橱柜

二、家具布置的规律

现代室内空间千变万化，而固定不变的比例关系、单纯的轴线及对称平衡要求在实际生活中已经很难适应现代生活方式和工作方式的变化了。长期的实践证明，在现代室内环境设计的家具布置手法中，变化是绝对的。设计师需要研究人们在室内活动的"流线"，在人们运动或者从事某种活动的"流线节点"上，可能停留或必须停留的空间应布置相应的家具。还要研究不同空间位置对人的心理影响，创造能感染和影响人的视觉心理空间，在这些关键的位置布置相应的家具。

　　为了充分地利用空间，家具在室内的放置有周边式、中心式、单边式、走道式，以节省空间并让人们感觉舒适，使人们更好地看见周围的物品。（见图7-2和图7-3）

图7-2　按照人走动的路线布置家具

图7-3　异型书柜、异型板凳给人一种简约美

三、家具的分类

　　家具既可以是现代工业产品，也可以是手工艺作品。家具的设计与生产经历了数千年的变革，在现代社会，以工业化方式生产的家具已经成为室内设计中的主要运用对象。

　　家具的制作材料，仅结构的材料就可分为石材、木材、塑料、钢材、竹、藤等，面料可分为纺织品、海绵、橡胶、人造纤维等。此外，还有装配式的板式家具、塑料一次成型整体式家具和充气家具等。由于人们生活水平的提高，人们对身边的家具设计款式提出了多样化的要求。设计师可以依照材料不同的特性来构造新型家具。（见图7-4）

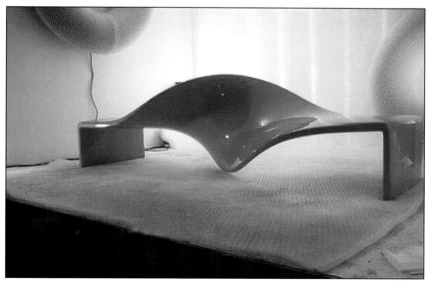

图7-4　充满设计感的异型板凳

　　家具工业产品的多样化为室内设计师提供了更多的选择余地，使人眼花缭乱。但是，家具的种类繁多并不代表设计师能够随意挑选家具。设计师应依照屋主的个人喜好，将家具与建筑构件统一起来，以达到统一的空间效果。

　　图 7-5 所示的吊灯和桌椅，与白色墙面相呼应，创造了极具艺术气息的空间。

图7-5　吊灯和桌椅

图 7-6 所示的造型独特的床现代时尚感极强。

图7-6　现代时尚感极强的床

荷叶形的椅子让人感觉亲近大自然、心情愉悦，如图 7-7 所示。

图7-7　荷叶形的椅子

图 7-8 所示的简约沙发组合的平滑舒服的设计配合凹凸立体的墙面，让少有的蓝色家具变得更具特色与舒适感。

图7-8　简约风沙发组合

第八章

商业空间设计程序

SHANGYE KONGJIAN SHEJI CHENGXU

商业空间在城市时代的进步与发展，决定了其设计的系统性和复杂性。设计程序有助于我们有目的性、有计划性地实施设计，设计的时候要遵循一定的程序。实施商业空间设计的有效方法和技巧，才能创造出高效、充满魅力的商业空间。商业空间设计程序大致分为四个阶段：空间的设计前期阶段、空间的方案设计阶段、空间的设计制图阶段、空间的设计施工阶段。

一、商业空间的设计前期

1. 商业空间设计的前期规划

首先，与业主做充分的交流以领会委托方的理念，在达成共识后，明确设计任务并了解资金情况和业主的设计动机。抓住设计主旨，深刻了解顾客心态，以及处于商业环境中人们的生活方式、思维观念等。对于大型设计方案，还应充分吸收除业主外的更多人士的理念和想法，更好地明确设计目的及内容。最后与委托方签订设计合同，约定项目的设计要求、设计进度、收费标准等详细内容。

2. 商业空间设计的前期市场调研

商业空间设计前期一个重要的工作就是市场调研，调研、了解贯穿于商业空间设计全过程的各种数据，充分了解市场需求。商业空间设计师要对商业环境进行勘察，了解自然地理建筑环境的各个空间之间的衔接。即使是设计小型的商业空间，也要充分了解商品的相关信息，细致分析顾客的购物心理、行为模式等。如图8-1所示。

图8-1　对建筑的室内空间进行现场勘查

3. 商业空间设计前期设计资料的搜集整理与分析

在设计项目开始之前，设计师要广泛搜集相关资料，如项目的规模、等级标准、设计标准、投资金额等，充分了解各方面的相关信息。设计前期的资料搜集和整理过程，也是消化吸收各类建议、充分了解市场和设计主旨、酝酿设计方案的关键环节。

二、商业空间的方案设计

为保证方案设计的顺利实施，必须进行设计依据的搜集和归纳工作，在有明确的认识后将设计方案的大体框架和基调确定下来，对搜集的资料进行分析归纳，制订出多个方案并进行对比，选出最为合适的方案进行规划和设计。方案设计分为以下几个阶段。

方案设计的研究：方案设计开始后，全面了解展示场地和空间，参考建筑图纸深入了解现场测量的实际空间尺寸，在设计方面要以严谨的态度去完成每一个方案，如果要做到查缺补漏，还必须确认现场的一些详细资料，例如空间是否提供电动装置以及场地的地面负荷承受能力等。

定位消费群体：客户的消费方式、消费层次、客户的性质等。

确定风格取向：大风格定位，如中式、欧式。

定位运营平台：根据大风格定位与委托方的经营需要进行定位。

制订额定预算平衡表：用于3~5年。

定位造价可行性（前期指导价）：提供可行的造价指导。

分析区域性报价：提供各设计空间的分项价格。

确定主材料清单：提供设计空间的主材料清单。

设计风格参考提案：通过参考设计图纸的提案，达成与委托方在风格上的一致。

设计方案草图：结合自己的专业知识和经验，用草图的形式自由地表达创意。用开放性的思维方式，在草图上表达设计思路，空间的负荷都要在草图上体现出来。草图并不是毫无边界的设计，而是要在标准范围内设计出现代时尚感。草图通常采用的比例为1∶50、1∶100。手绘目前被广泛地应用于设计行业，它表现方便，高效便捷，表现力强，能够迅速反映出设计师的设计构思，被广大的设计师所青睐。手绘效果图是设计专业的必修课，通过手绘表现的学习，能够启发设计师的空间想象力和创新意识、敏捷的思维、快速准确的立体图像表现能力。（见图8-2和图8-3）

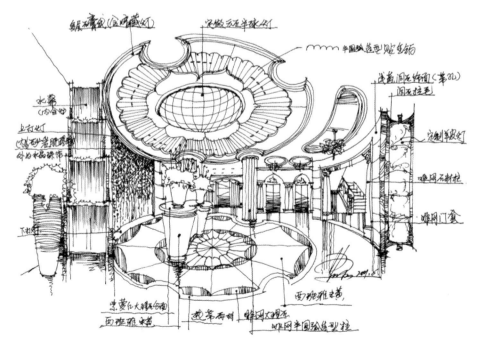

图8-2 某商场的设计草图

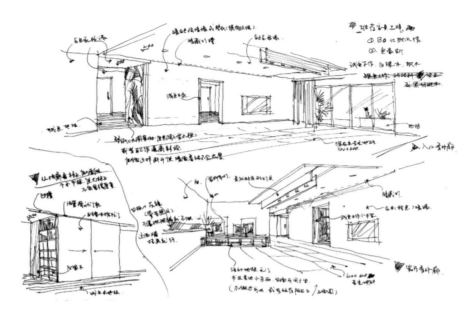

图8-3　某餐厅的设计草图

三、商业空间的施工图

通过论证、审批，确定商业空间设计方案后，设计者根据审查的规范进一步改善和完善方案草图，将设计方案草图中所确定的内容进行具体化，采用技术性的表现形式进一步陈述设计方案草图，将绘制的设计方案图作为施工过程的蓝图即施工图，并作为日后的备案文档。施工图最重要的作用是为现场的施工、预算的制订、设备与材料的准备提供依据，保证整个施工过程的质量和进度。用设计说明将施工图中的内容进行论证并完整表达空间设计的亮点。

施工图主要分为以下几个部分。

（1）平面布置图：平面布局规划、地面标高、用料做法大样图、物品摆放布局。（见图8-4）

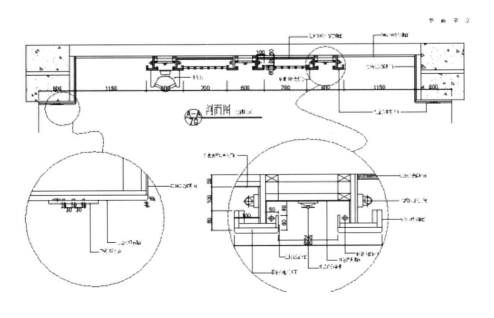

图8-4　某餐厅平面布置图

（2）剖立面图：室内立面造型展开的详图，如门、窗、背景墙、吊顶等造型厚度、高度、材料的详图。

（3）顶面布置图：天花板的造型、标高、材料、照明、消防设施、风口、空调等顶面包含的所有详图。

（4）地面布置图：地面用砖、木板、标高等包含的各个详图。

（5）水电布置图：控制开关、插座布置和电线走向设计详图，以及给排水系统设计，如污水管道的位置走向。

（6）相关节点立面图：物品的材质和用料的立面展开设计详图、物品的材质厚度、高度的详细大样图。（见图8-5）

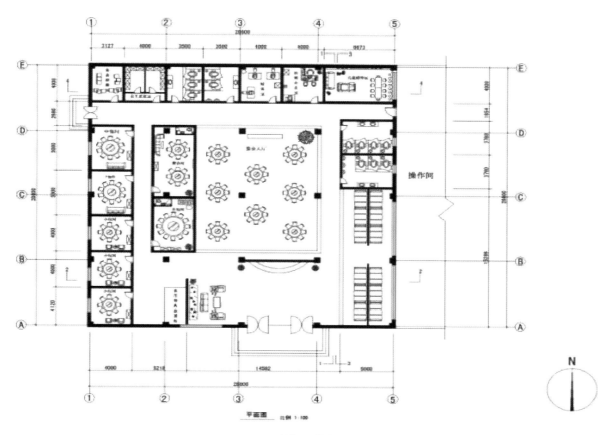

图8-5　某餐厅节点大样图

（7）工装效果图：把各个空间的设计蓝图用彩色图片的形式表现出来。（见图8-6至图8-9）

图8-6　某餐厅的工装效果图1

图8-7　某餐厅的工装效果图2

图8-8　某餐厅的工装效果图3

图8-9　某餐厅的工装效果图4

四、商业空间的设计施工

完成施工图设计后，在与委托方的充分交谈后，双方接受和采纳来自各方的意见及建议，再次进行深入的分析并将方案定型，再按照设计的标准规范对工程进行有效的计划、组织、协调和控制，然后把握经费预算和拟订施工进程表，在购置器材后，实施施工计划。设计施工过程包括两个阶段：一是施工监管阶段，二是完工验收阶段。

施工监管阶段：设计者向施工方解释施工图并进行技术交底工作。在施工过程中，设计者还需要根据实际情况对施工图进行必要的查缺补漏，随时检查图纸的实施状况，沟通各个方面及环节，对方案进行适当调整，最终完成设计施工。

完工验收阶段：在按期完成施工等一切任务后，配合质检部门、建筑施工单位按照图纸进行验收，最后绘制竣工图，提供给有关部门进行最后的审核。设计方和委托方各留一份设计施工图进行存档。

第九章

商业空间设计表现及案例

SHANGYE KONGJIAN SHEJI BIAOXIAN JI ANLI

一、手绘效果图

随着人们审美观的不断改变，在空间设计中，越来越多的设计师喜欢采用室内设计手绘的方式进行设计，这种设计方式既能结合自己的喜好与习惯，又能兼顾空间设计的特点，很是不错。室内设计的手绘效果图，是把设计与表现融为一体的设计技法。设计师通过手绘效果图将自己的想法，即作品的创意、内容用手绘的方式，真实地展现出来。室内设计手绘效果图最能体现空间的特有风格，所以这室内设计手绘效果图不可小视。

1. 用铅笔绘制效果图

铅笔画是一种正式的艺术创作，以单色线条来表现直观世界中的事物，它不像带色彩的绘画那样重视整体和色彩，而是着重结构和形式。铅笔可表现深、浅、粗、细的线条，画时感觉较涩，但比较清晰。（见图9-1）

图9-1　铅笔绘制的商业空间设计

2. 用钢笔绘制效果图

钢笔素描线条明确，使画面结构清晰、层次鲜明。钢笔画易于保存，不会因为保存过程中的摩擦而掉色。（见图9-2）

3. 用水彩绘制效果图

水彩画技法的关键在于用水、用笔和用色，以及这三者的配合。就水彩画的特点而论，主要是水分的把握。

图9-2　钢笔绘制的商业空间设计

画笔笔触运用提、按、拖、扫、摆、点等多种手法可使画面笔触效果趣味横生。（见图 9-3）

图9-3　水彩绘制的商业空间设计

4. 用马克笔绘制效果图

马克笔的特点在于方便、速度快、表现能力强。马克笔是一种快速表现的工具，表现简练、不烦琐。马克笔的笔触有丰富的表现力，这点对于初学者而言确实容易疏忽。可以利用马克笔的笔触有力地表现空间、体感、形态等画面要素。（见图9-4）

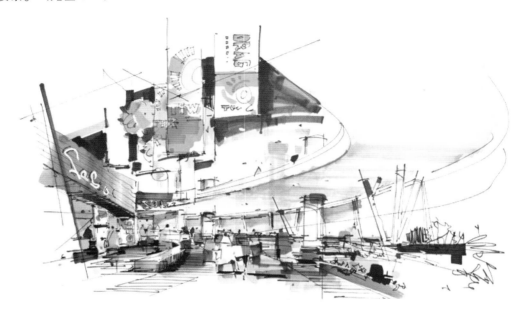

图9-4　马克笔绘制的商业空间设计

5. 用彩铅绘制效果图

彩铅是手绘表现中最常用的表现工具。彩铅最大的优点是在画面中细节的处理，如灯光的过渡、材质的纹理表现等，另外其颗粒感强，对光滑质感（如玻璃、石材、亮面漆等）的表现稍弱。（见图9-5）

图9-5　彩铅绘制的商业空间设计

二、计算机辅助设计

计算机的表现技法是可以通过图像（图形）来表现室内设计思想和设计概念的视觉传达技术，包括室内透视效果图、模型、电脑动画、摄像、录像等表现手法。在设计中，通常要用计算机对不同的方案进行大量的计算、分析和比较，以决定最优方案。各种设计信息，不论是数字的、文字的还是图形的，都能存放在计算机的内存或外存里，并能快速地被检索。

1. 计算机工程制图

设计人员通常用计算机进行设计，将草图变为施工图的繁重工作可以交给计算机完成。利用计算机可以进行与图形的编辑、放大、缩小、平移和旋转等有关的图形数据加工工作。目前用户最多、普及面最广的 AutoCAD 绘图软件，将投影理论、工程制图和计算机应用结合起来，在培养学生空间思维能力的同时，训练和提高学生使用计算机绘制工程图样与阅读工程图样的能力。

2. 计算机效果图

效果图制作辅助室内设计另一项重要的工作是利用三维软件来制作逼真的室内透视效果图，常用的三维软件有 3D Max、SketchUp 及 AutoCad 平台上开发透视图的专用软件等。一般情况下，使用三维软件制作一张室内透视效果图需要经过以下三个过程。

1）三维建模

三维建模是指按照工程图的设计，将室内设计中的一些基本形体在计算机中建筑一个相应的数字模型，这个模型具有与设计师所设计的空间对象相对应的尺度、形式、比例等，并根据设计的要求赋予模型表面材质，按照需要设置相应的灯光。（见图9-6）

图9-6　3D Max建模的室内设计表现图

2）图像渲染

图像渲染提供了非常直观、实时的表面基本着色效果，根据硬件的能力，还能显示出纹理贴图、光源影响甚至阴影效果，给予各零件色彩及相应的透明度，可使所设计的产品立体、分明，更具视觉效果。为增强渲染的特殊效果而设置的指令，可以做出雾效和透镜闪光等效果。可以将产品模型置于特定的环境，比如室内，可以在此环境中设置地板、墙壁和天花板的背景，可对背景进行预览及尺寸和位置的调整。可以在某个表面上设置材质，定义表面颜色、透明度、粗糙度和纹理等。

3）平面润色

在三维时代，空间设计前期由三维软件完成，由于后期暗房技术复杂、难度极高，所以大部分后期由平面软件完成，很少直接使用三维软件出图。掌握光线的层次感，调出原有的空间感，这需要我们对色阶、曲线进行调整。在学习 PhotoShop 之前，我们首先要认识色彩，只要更好地理解色彩搭配，才能调试出令人感觉舒服的色调。（见图9-7）

图9-7　用PhotoShop进行后期调色的设计表现图

三、实例

1. 小型餐厅的设计

上海五度空间设计专注高品质的酒店餐饮设计，活跃于主题餐饮设计专业领域，目前业务立足于上海，辐射全国十多个城市。拥有一批经验丰富的专业设计人员，是一支充满活力的创作团队。始终注重将设计和客户的商业目标完美结合，在多年的实践中，酒店、时尚餐饮已经成为主要设计业务专注对象，并不断取得一定的业绩，其设计作品如图 9-8 至图 9-11 所示。

图9-8　餐厅接待台

图9-9　过道

图9-10　餐厅就餐区1

图9-11　餐厅就餐区2

2. 专卖店的设计

上海 ASOBIO 专卖店设计是由在全球享有盛誉的日本设计工作室 nendo 担纲的，此次的主题概念被设定为"聚焦"。店内大小、样式不一的单色图案，错落分布于地板和墙壁，呈现出相机般的变焦镜头效果，在焦点收回的刹那带来深度与连续性的变化，使身处其中的人在光影的对比中挖掘自我不为人知的神秘因素，尽享"聚焦于你"的明星体验。（见图 9-12 至图 9-15）

图9-12　专卖店衣服区

图9-13　专卖店手提包区

图9-14　专卖店休息区

图9-15　专卖店过道区

3. 综合商场的设计

上海国金中心商场(简称上海 IFC 商场)由国际知名的美国建筑事务所佩利·克拉克·佩利建筑事务所操刀，并由英国贝诺（Benoy Architects）负责室内设计。整个商场内部以高贵浪漫的香槟色及淡米白色为主要色调，装潢设计突出时尚、高贵与精致等特点，而典雅欧陆式歌剧院的浪线形镂空设计，增强了商场的室内空间感，营造了宽敞的休闲环境。（见图 9-16 至图 9-18）

图9-16　商场实景图1

图9-17　商场实景图2

图9-18　商场实景图3

［1］尤逸男,武峰.室内装饰设计施工图集［M］.北京:中国建筑工业出版社,1999.

［2］史春珊,袁纯碬.现代室内设计与施工［M］.哈尔滨:黑龙江科学技术出版社,1988.

［3］中华人民共和国住房和城乡建设部.房屋建筑制图统一标准:GB/T 50001—2001, 总图制图标准:GB/T 50103—2001,建筑制图标准:GB/T 50104—2001,建筑结构 制图标准:GB/T 50105—2001.北京:中国计划出版社,2002.

［4］阚玉德.展示空间设计理论及其探讨［J］.北京建筑工程学院学报,2005(4).

［5］陆江艳.展示空间艺术设计研究［D］.武汉理工大学,2003.

［6］巫濛.品牌专卖店及其设计研究——消费、展示与体验［D］.清华大学,2004.

［7］徐丹.展示设计中动态空间研究［D］.南京艺术学院,2006.

［8］江婷.现代商业空间的展示设计［D］.东南大学,2006.

［9］何永军.系统设计理论在展示设计中的运用研究［D］.南京艺术学院,2005.

［10］朱锷.现代平面设计巨匠田中一光的设计世界［M］.北京:中国青年出版社,1998.

［11］周进.世博会视觉传播设计［M］.上海:东华大学出版社,2008.

［12］(日)原研哉.设计中的设计［M］.朱锷译.济南:山东人民出版社,2006.

［13］宋连威.青岛城市老建筑［M］.青岛:青岛出版社,2005.

［14］梁明珠.城市旅游开发与品牌建设研究［M］.广州:暨南大学出版社,2009.

［15］(英)马修·赫利.什么是品牌设计?［M］.胡蓝云译.北京:中国青年出版社,2009.

文参
献考

SHANGYE KONGJIAN SHEJI